你就是不懂包容

换位思考，路越走越宽

海波 编著

国家一级出版社 中国纺织出版社 全国百佳图书出版单位

内 容 提 要

人们心中多一份包容、多一份理解，就会多一份真善美，而生活中的那些喜怒哀乐就会变成华丽的乐章。

本文以“包容”为核心理念，从为人处世、交际、提升自我、爱情、职场、社交等方面阐述包容在现实生活中的运用，是一本提升自我心灵能量之作。

图书在版编目（CIP）数据

你就是不懂包容：换位思考，路越走越宽 / 海波编著.--北京：中国纺织出版社，2017.12（2022.1 重印）
ISBN 978-7-5180-4468-9

Ⅰ.①你… Ⅱ.①海… Ⅲ.①人生哲学—通俗读物
Ⅳ.①B821-49

中国版本图书馆CIP数据核字（2017）第313615号

责任编辑：闫 星　　特约编辑：李 杨　　责任印制：储志伟

中国纺织出版社出版发行
地址：北京市朝阳区百子湾东里A407号楼　邮政编码：100124
销售电话：010—67004422　传真：010—87155801
http://www.c-textilep.com
E-mail：faxing@c-textilep.com
中国纺织出版社天猫旗舰店
官方微博http://weibo.com/2119887771
佳兴达印刷（天津）有限公司印刷　各地新华书店经销
2017年12月第1版　2022 年 1 月第 3 次印刷
开本：710 × 1000　1/16　印张：14
字数：202千字　定价：36.80元

前言 Preface

包容是什么？美国前总统林肯对政敌素以包容著称，后来引起一议员的不满，议员说：“你不应该试图和那些人交朋友，而应该消灭他们。”林肯微笑着说：“当他们变成我的朋友时，难道我不正是在消灭我的敌人吗？”凡事多一些包容、多一份爱心，人们的生活中就会多一份友谊、多一份温情。

包容是一种珍贵的美德，是一个人在长期生活中修炼得到的。包容如海一般宽广而浩瀚，可以接纳一切、化解一切，更是一种无声又强大的力量。包容是聪明处世的经验，是为人修养的体现。懂得包容的人，生命将更丰厚。

生活中，人们往往对自己的错误不自觉，却对他人的错误不肯原谅，大声指责。实际上，指出别人的错误并横加指责，非但不容易达到劝人改过的效果，反而会令彼此的沟通受到阻碍。

包容是一种大度，可以容人之长，不去嫉妒；可以容人之过，不计前嫌。包容，“包”就是心境宽广，具备涵养；“容”，就是以开阔的心胸原谅别人的过错。学会包容，就是让自己拥有一颗善良的心，戒骄戒躁，凡事为他人着想，推己及人。

在包容他人的同时，还要学会包容自己，人生不一定要尽善尽美，只需要尽力而为即可。有时候，自己难免会有一些小疏忽，这时要学会包容自己，把目光朝前看，别把时间和精力浪费在自怨自艾上。人生总有遗憾，总有一些小错误，只要心态端正，看淡一些，事情总会朝着好的方向发展下去。

懂得包容的人，不论在什么地方都可以得到各种机会，他们的人生是圆满的。因为懂得包容，所以生活回馈给他们的是微笑多于眼泪。包容的人不会把那些小事情挂在心上，他们怀揣着一颗善良的心，宽以待人、严以待己，心存万物，微笑着面对生活愁苦、人生挫折。包容的人，懂得知足常乐，保持一颗平常心，不强求、不妄念，总是在努力地积极进取。

“草木有情皆长养，乾坤无地不包容。”由此可见，包容无处不在，包容必不可少。包容即“仁”，就是爱人，就是要用心去爱每一个人，这是大爱，这是孔子所尊崇的儒家核心思想。现实生活中有不少人都忘了，他们被金钱冲昏了头，只想到自己，与人斤斤计较，自然就埋没了包容，这是不可取的。包容是和谐，是与万物同生长，这需要我们拥有更宽广的心胸。

编著者

2017年6月

目录
Contents

第 1 章

包容是一种智慧：大度的人才是真正的智者

包容是美德，更是一种智慧。正所谓“海纳百川，有容乃大”，包容往往最能让人动容。一位哲人说：天空收容每一片云彩，不论其美丑，故天空广阔无比；高山收容每一块岩石，不论其大小，故高山雄伟壮观；大海收容每一朵浪花，不论其清浊，故大海浩瀚无比。

宽容别人也是善待自己

我敬人一丈，人敬我一尺。很多时候，人与人之间其实都是相互的，你对别人好，别人才会对你好；你尊重别人，别人才会反过来尊重你。所以老话说得好：尊人尊自己。我们常常抱怨别人不理解我们、不体谅我们，试问我们又何尝用心去理解体谅过别人呢？我们这次不跟别人一般见识，原谅了别人，下一次，当我们同样犯错的时候，别人就有可能也会包容我们。种下什么样的因，就会收获什么样的果。包容别人其实就是包容我们自己。

杨敏娟和白晓是一起进公司的。白晓比杨敏娟大两岁，两个人可以说是同龄人。白晓性格文静内敛，平时不怎么爱说话；而杨敏娟则是个假小子，说话大大咧咧，从来都是有什么说什么。然而，性格如此迥异的两个人，却渐渐地成了好朋友。

杨敏娟和白晓都是做业务的。杨敏娟以前在别的地方干过，业绩还算不错，算是有一定的工作经验。而白晓刚从学校毕业，对这一行还不是太懂，刚开始做的时候，经常不知道自己该到哪里去找准客户。

于是，杨敏娟不忙的时候，常常带着白晓出去跑，两个人一起拜访客户，跟客户谈判，到最后签合同、收款，所有的工序杨敏娟都手把手地教给白晓。比如，拜访客户的时候，应该怎么说，应该注意哪些问题，客户有异议了，作为业务员，应该如何巧妙地作出解释，谈判的时候，怎样才能快速地促成客户下单，合同应该怎么签，必须注意的细节是哪些，款该怎么收等等。

有了杨敏娟的全力帮助，第一个月白晓超额完成了公司给她定的任务。对一个新人来说，这是非常了不起的事，白晓不但得到了总经理的书面表彰，而且得到了超额奖金。而杨敏娟为了帮白晓，自己的任务却没有完成，工资也被扣除了一部分。但是看到白晓被公司如此器重，杨敏娟还是很高兴，白晓现在超过自己了，以后自己就可以放手地去干自己的事了，再也不用为白晓操心了。

接下来的几个月，杨敏娟把精力全部用在抓自己的业绩上，每天都出去踏踏实实地跑。一分耕耘一分收获，杨敏娟不但收获了工资和奖金，还积累了大量的优质客户。可以这么说，接下来的几个月，她就算不出去跑，每个月的任务也照样可以轻轻松松地完成。

而白晓没有了杨敏娟的协助，业绩持续下滑，杨敏娟本以为现在白晓一个人跑应该没问题了，现在看来问题还不少。于是，杨敏娟去找白晓，问她需不需要自己帮忙。

谁知白晓一听就阴阳怪气地说，她可是领过奖金，受过总经理表彰的人，她的能力公司里的人谁不清楚，还用得着别人帮忙？

听白晓这么一说，杨敏娟是又气又可笑，她没想到白晓是这样的人，早知道以前就不帮她了，真是狗咬吕洞宾，不识好人心。转念又一想，算了，白晓还是个孩子，该帮的地方还是要帮，这样做最起码自己心里好过一点。

故事中的杨敏娟和白晓是一对好朋友。白晓是个业务新手，由于杨敏娟的尽力协助，她进公司的第一个月就超额完成了任务，还受到了公司的嘉奖。杨敏娟以为白晓以后就可以单独做业务了，便放心地放开了手，没想到白晓的业绩一月比一月差，她想帮助白晓，却被白晓恶言拒绝了。她虽然很生气，但还是决定原谅白晓，像以前那样帮助她。我们常说，要包容别人，殊不知包容别人就是包容我们自己。放下心中的得失，我们才能活得更轻松自如。因为不跟别人计较：

1.我们的路会越走越宽

所谓退一步海阔天空。有些时候，遇到某些不可理喻的人，或者让我们难以释怀的事，如果能想开一些、看开一些，放下心中的怨恨，那么我们的路就会越走越宽。很多时候，我们总是抱怨路越走越窄，甚至没有路可以走了，其实这种结果大多数是我们一手造成的。给别人让路，我们才能另辟蹊径，路才能越走越宽阔。

2.避免为自己带来麻烦

碰到一些不讲理，或者带有攻击性的人时，千万不要跟他们过多地纠缠。说就让人家说上两句，尤其是出门在外时，一定要学会保护自己，所谓好汉不吃眼前亏。有些时候，不跟别人计较，或者别人故意找碴儿的时候不搭理他们，不给别人伤害我们的机会和借口，这样别人自然也就没心思再跟我们闹。这时候，包容别人其实就是避免给自己惹来祸患。

3.包容别人是放过自己

有些时候，事情都过去很长时间了，别人可能都不记得当初对我们说过些什么、做过些什么了，而我们却还对往日别人的所作所为耿耿于怀，一直对别人怀恨在心，弄得自己整天吃也吃不好，睡也睡不着，而别人却一点也不知道，这又何苦呢？还不如原谅别人，让这件事彻底地过去，再也不想它，重新开始新的生活，这样也是放过我们自己。

4.包容别人是一种美德

我们经常说要有容人之量，这个世界上真正能做到包容两个字的人真不多，尤其是在面对那些大是大非时，一般的人是绝对做不出来的，只有懂得包容的人才能做到。包容别人是一种美德，那是因为包容别人可以让我们获得别人的尊重和感谢，同时，包容别人也可以让我们对自己的所作所为作出反思修正，让我们的人格更加完美。

一个优秀的对手会发掘你的潜能

很多人在做出一番成绩以后，谈及成功的原因，都或多或少地提到了对手对自己事业产生的影响。拥有一个旗鼓相当的对手，对任何人来说都是幸运的，可惜的是，世上千金易得，知己却难觅。而好的对手就像是我们的知己，他对我们了解得非常清楚，甚至有时候比我们自己还要了解自己。这样的对手往往才是最可怕的，因为他就好像在我们的身边，无时不刻不在监视我们，我们稍有不慎，就会被他打败。所以，我们不但要比以前更加谨慎，还要拼尽全力去对付他，不知不觉中，我们的潜能就开发出来了，而我们也变得更强大了。

爱客超市和家家乐超市是这个城市最大的两家百货超市。

爱客超市在广场上搞活动，家家乐超市也不甘落后，在它的对面搭起了台子，还请了乐队，又唱又跳，吸引了大批的人围观。虽然说最后卖出的东西没有爱客超市的多，但也算是给自己做了一次形象广告，让更多的人知道了家家乐的大名。

为了把客源稳定下来，爱客超市推出了“满50元免费办会员卡”的活动，一些家庭主妇听说了都到爱客超市来买东西，争着当它们的会员，因为一旦成为会员，以后在爱客超市买东西就可以享受一定的折扣，而且可以积分拿大奖。这对她们来说诱惑可不小。

你方唱罢我登台。这边爱客超市广纳会员的活动还没有结束，那边家家乐超市“寻找最忠诚客户”的活动正进行得如火如荼，活动规定，凡是在家家乐超购物超过5次，消费不低于50元者，就是家家乐超市的最忠诚客户，今后在家家乐超市购物就可以享受最低折扣。就这样，家家乐又一次切切实实地抢了爱客超市的风头。

有这样强劲的对手，爱客超市丝毫不敢懈怠，商场如战场，稍不留意，自己就会被别人打败。尤其是面对家家乐超市这样实力非常强的对手。

在“3·15”消费者权益保护日，爱客超市在全城掀起了“寻找假货”的活动，消费者如果在它们超市发现假货、过期的货品或者有瑕疵的货品，一律以商品原价格的10倍向消费者进行赔付。这个活动一经推出，既达到了促销商品的目的，又相当于告诉消费者，爱客超市没有假货、次货、过期的货，消费者可以放心购买，真是一举两得、一箭双雕的好办法啊！

就连家家乐超市的老总，也对爱客超市的这一举动深感佩服，再也不跟爱客超市正面竞争了。

爱客超市货品丰富，连锁店又都开在大型商场的旁边，但爱客超市的东西相对高档，一般的消费者根本消费不起。针对爱客超市的这一点，家家乐超市决定把自己的超市开到一些大的小区门口，同时扩充一些价格相对便宜且质量很不错的货品，并增加食品和水果、蔬菜的上货量，这样，就可以有效截住一部分客户。

事实证明，家家乐超市的决定是正确的，它把爱客超市的劣势变成了自己的优势，而爱客超市为了不丢掉原有的市场份额，继续走中高端路线，两家超市都渐渐形成了自己的特色。

故事中的爱客超市和家家乐超市实力相当，可谓棋逢对手。爱客超市一有什么动静，家家乐超市也不甘落后紧随其后，两家的竞争非常激烈。后来家家乐超市转变了经营思路，把连锁店开到了小区门口，而且对货品作了调整，经过一系列的改革，终于做出了自己的特色，规避了和爱客超市的正面竞争，爱客则继续走中高端路线，两家超市都越做越大。由此可见，只有当对手步步紧逼，想打败我们的时候，我们的潜能才会被最大限度地开发出来。为什么这么说呢？

1.我们必须保持最佳状态

为了不被对手打败，或者不被别人吞并，我们必须时刻保持最佳状态。因为，如果我们不这样做，放松了或者懈怠了，就会被一直紧盯着我们的对手看出破绽，对手就会对我们发动更强有力的攻击。只有当我们的体力和精力都非常旺盛，别人没有把握战胜我们，又无从下手的时候，才不敢轻举妄动。

2.我们必须思维更加缜密

所有的战争归结到最后其实都是人的智慧的较量，谁的目光更远大，考虑问题更全面，思维更缜密，作出的决定也就更正确。而一个正确的决定有时候对一场战争来说具有决定性的作用，要不然怎么有一战定胜负的说法呢。本来实力相差不是很大的两个人，却因为一个人作出了正确的决定，而一个人作出了错误的决定，瞬间便分出了高下。由此可见思维的重要性。

3.我们必须做事更加谨慎

有好的思想作指导，还要有好的行动配合完成才行。好多时候，我们的想法是正确的，考虑得也很周全，却因为做的时候不够谨慎，选错了人，或者说话做事不小心，使本来可以成功的事最后因为我们的失误而无法挽回。所以，为了打败对手，我们做事必须要更加谨慎，这样，在不知不觉中，我们就变得更加成熟了。

4.我们必须比对手更加强

如果我们想成为王者，必须比对方实力更强大才行，唯其如此，才会让对方输得心服口服。为此，我们一方面必须小心地应战，避免失误；另一方面还必须作好长远打算，暗地里苦练内功，我们只有把自己变得更强大，让自己变得更有实力，才不必时刻担心会被别人击败。

真心为对手喝彩

有些时候，我们会因为技不如人，或者临场发挥失常，失去成功的机会。这其实很正常，我们之所以没有战胜对方，除去运气的因素，很大程度上是因为我们做得还不够好。认识到自己和别人的差距，知道自己失败的原因是什么，明白自己以后该怎么做，才能赶上或者超过别人，这也是另一种成功。愿赌服输，输了真心诚意地向别人认输，并且发自肺腑地为别人喝彩，才会赢得别人的尊重，从而为我们迎来下次机会。生活中，有太多的人输不起。我们千万不能既输掉了比赛，又输掉了人，那样我们就是真正地输了。

鲁爱华在一家服装店上班，她的店对面也是一家服装店。老板是一位个子不高的阿姨，听别人说，她姓赵。没顾客或者无聊的时候，鲁爱华便仔细观察那位赵阿姨。

赵阿姨的店并不大，还没有她的店大，卖的衣服也没她店里的样子好看，可奇怪的是，赵阿姨的店里一天到晚都有人，还络绎不绝的，一拨接着一拨。而她的店里却冷冷清清的，没什么人，一天也卖不出去几件衣服。鲁爱华心里很着急，她想要是再这么下去，估计她就该走人了。

有些时候看赵阿姨太忙，鲁爱华便过去给她帮忙，当然都是在老板不在的时候。而赵阿姨出于感谢，也会给鲁爱华讲一些卖衣服的诀窍，每次鲁爱华都听得非常认真。虽说她是学市场营销的，销售的窍门也算知道得不少了，可是在实际销售中，她承认她真的不如这位初中还没毕业的赵阿姨。所以，赵阿姨讲的话她都暗暗地记了下来。

慢慢地，在赵阿姨的指导下，鲁爱华知道该怎么接待顾客了，也学会看人说话了，她店里的生意也渐渐有了起色，卖出去的衣服也多了。顾客多的时候，鲁爱华还把赵阿姨叫过来给她帮忙。在发了工资以后，她会请赵阿姨出去吃顿饭，或者给赵阿姨买个礼物。鲁爱华这么做不仅仅是出于感激，说实话，她真的从心里佩服赵阿姨，因为赵阿姨不但会做生意，而且很乐于助人。

其实看到鲁爱华进步这么快，赵阿姨发自肺腑地为她感到骄傲。鲁爱华本来就是学市场营销出身的，现在再加上赵阿姨的悉心指导，有时候就连赵阿姨也觉得自己已经不如她了。

赵阿姨有位亲戚是服装城的老板，为人很不错，而且他那里面生意比自己的小店还要好，现在服装城缺一名经理，招了好多人，赵阿姨那位亲戚都不满意，说让赵阿姨帮忙推荐一位，赵阿姨一下子就想到了鲁爱华。

现在鲁爱华已是服装城的副总经理了，说到自己的今天，她总是不忘那位赵阿姨，鲁爱华常对自己的下属说，一定要发自肺腑地为别人喝彩，因为这会为你带来下一次的机会。

故事中的鲁爱华，在刚刚卖衣服的时候，什么也不懂，她对面的赵阿姨虽然学历不高，做起生意来却一套一套的。鲁爱华从心里佩服赵阿姨，赵阿姨也挺欣赏鲁爱华的实诚，于是把自己的生意经都传授给了鲁爱华。因为鲁爱华本来就有理论基础，再加上现在的实践经验，所以很快就超过了赵阿姨。但是两个人关系一直很好。后来，赵阿姨还推荐鲁爱华到她亲戚的服装城去当经理。可见，不耻下问，发自内心地为别人喝彩，我们才会一天比一天进步，才会迎来下一次的机会。那么，我们该如何发自肺腑地为别人喝彩呢?

1.真心向别人认输

自己本来就技不如人，所以一定要向别人认输，要从心里承认别人比自己强，做得比自己好，比自己优秀。只有这样，我们才能正确看待自己，看清楚自己的不足在什么地方，以后也好有个奋斗的方向和努力的目标。况且，做人要有担当，输了就是输了，即使我们不承认，也还是输了。所以，真心向别人认输，也是给我们自己一次进步的机会。

2.虚心向别人请教

不如人，我们就要学人。学习人家的长处，弥补自己的短处，这样我们才能越来越接近成功。不能不如人还不学人，嫉妒别人比自己强，这样做非但对我们没有任何好处，反而会让其他的人也对我们产生看法，给我们造成很坏的影响。不足之处，一定要向别人虚心地请教，三人行必有我师也。

3.诚心为别人喝彩

别人得了冠军了，别人获奖了，别人评上职称了……当然，看着别人神采飞扬的样子，我们心里不酸那是假话。我们没有得第一名、没有得奖、没有被评上，是因为我们做得还不够好，付出得还不够多，而别人得到了，是因为付出才有收获。所以，我们要诚心为别人喝彩，因为总有一天，站在台上的会是我们。

4.平常心对待输赢

即使自己输了又能怎么样，日子不还是得照样过，况且有些时候，输赢并不是能力问题，还会有其他原因。所以我们要客观看待，既不能把输赢看得太重，又不能完全不当回事，一定要把它的位置摆正，以平常心对待。努力改进我们的不足，争取赶上或者超过别人，只要我们尽力了，就算最后失败了，我们也无怨无悔。

用宽容之心把竞争变为合作

在工作和生活中，有些人和同事或者亲戚朋友有了矛盾或纠纷，不想办法解决，还打算和别人老死不相往来，变成彻底的冤家。他们不去想想，好多问题的出现，难道都是别人单方面的错吗？当然也不排除有些无理取闹没事找事的人，但那样的人毕竟是少数，好多时候，我们之所以和别人闹到无法收场的地步，我们自己也至少要负一半的责任。只要我们心胸豁达，不跟别人过分计较，理解体贴别人的难处，以德服人，让别人心服口服，总有一天，冤家也会变为“缘家”。

马天山是爱家房产的置业顾问，刘涛是百安房产的置业顾问。爱家房产公司是百安房产公司最大的竞争对手，所以马天山和刘涛虽然经常在带客户去看房子的时候碰面，但关系从来都不好。

马天山记得很清楚，有一次他带一个客户去看房子，客户房子也看上了，对房子的座向、户型、大小都挺满意的，价格也谈好了，谁知道送客户出门的时候，马天山太大意了，没有注意看周围，也没把客户送上车再走。他刚一转身，那个客户就被刘涛接到他们公司去了，到手的鸭子就这么飞了，马天山知道后气得就差去撞墙了。

虽然说，同行撬客户是常事，马天山也很理解刘涛，但这口气他就是咽不下去。于是，他也逮了个空子，把刘涛的一个客户撬了过来。刘涛知道后，气得直咬牙，可谁让他撬人家客户在先呢！现在人家只不过是礼尚往来，拿回本属于人家的东西罢了。

原以为事情就这么结束了，谁知道，后来刘涛的客户三番两次地被马天山撬走。刘涛每每气不打一处来，真想立刻冲到爱家房产公司去找马天山算账，但他心里清楚自己那么做的后果是什么。冤家宜解不宜结，当初如果不是他先撬马天山的客户，现在马天山也不会这么对他，算起来，他才是真正的罪魁祸首，始作俑者。

马天山原本以为自己撬走了刘涛的客户，刘涛一定不会放过自己，谁知道刘涛见了他还跟以前一样，见面点头微笑一下就过去了，好像自己撬的不是他的客户，而是别人的。

不仅如此，有一回马天山刚要带一个客户上楼去看房子，刚走到门口，他的手机就响了，他姐说他爸晕过去了，要他马上回家。就在马天山不知道该怎么办的时候，刘涛上楼来签房源。

就当是以前自己欠刘涛的，马天山赶紧拉住刘涛，让刘涛带那位客户去看房，自己急忙下楼打车走了。

事情办完以后，马天山回到公司，刚坐下，那位客户就来找马天山，说是要跟他签合同，还说他的那位同事人挺好的，一直把他送到公司门口才走。

马天山一听连忙追出去，却只看见刘涛的背影。从那以后，马天山再也不撬别人的客户了，他和刘涛还成了好朋友，现在则是名副其实的好搭档。

故事中的马天山和刘涛，分属于两个不同的公司，两个公司还是竞争对手。有一次，马天山的一个客户被刘涛撬走了，马天山出于报复，如法炮制，也撬走了刘涛的几个客户。刘涛虽然心里很生气，却没有去找马天山理论，因为他觉得是他先错了。后来，在刘涛人格的感化下，马天山不但和他成了好朋友，还成了好搭档。由此可见，有些恶劣的关系并不是不能改变的，只要我们有足够的耐心，总有一天会用自己的人格把敌人变成朋友。那么，我们怎样才能把冤家变为“缘家”呢？

1.用明晓的道理说服人

要跟对方讲道理，如果对方能听得进去，最好把事情的原委和前因后果，都分析给对方听，用通俗易懂的道理来说服对方，让对方认识到自己的错误。这样，对方就不会再跟我们继续闹下去，说不定还会因为我们对他的提醒而对我们感激于心。如此一来，就算我们和别人本来是冤家，最后也会通过解释还原事情的真相，令彼此慢慢地变成“缘家”。

2.设身处地理解同情人

遇到事情的时候，多站在别人的角度想一想，从别人的立场出发考虑问题，这样我们或许就能理解别人为什么会那么做，也就能体会别人的良苦用心了。这样，我们就会因为明白了事情发生的原因而不忍心再去责怪对方，而且会从心底深处同情对方，为别人设身处地地着想，不愿意再跟别人计较。这样，久而久之，别人也会原谅我们，和我们化敌为友。

3.用豁达的心胸感佩人

做人一定要心胸豁达，要能想得开，看得开，不跟别人斤斤计较。该让的地方让一让，该退步的时候退一步。此路不通我们可以换一条路再走，条条大路通罗马，不要非跟对方抢一条路走不可，否则不但谁都走不快，而且会耽误双方的行程。另寻佳径，说不定还会有意想不到的收获。而大海般的胸怀和气度也会引起别人对我们由衷的感佩。

4.用高尚的品德臣服人

为人要正直、诚实、善良，不轻易去伤害别人。对伤害过自己的人要包容，原谅别人曾经的所作所为，这其实也是为我们自己好。切身体会别人的苦衷和难处，为别人提供方便，这样，别人即使嘴上不说，心里也会感激我们。人心都是肉长的，只要我们真心地对别人好，迟早会感动别人，别人也迟早会明白。要用高尚的品德让别人对我们心悦诚服，和我们变成“缘家”。

第 2 章

金无足赤，人无完人：人生从包容自己的不完美开始

包容是一种心态，一种处世的智慧，也是修身养性的哲学。包容的受众是他人，然而，你在包容别人时，其实是在和自己的内心进行了一场惊心动魄的搏斗。包容的受益者表面上是别人，其实是自己。古语有云，如鲠在喉，这个鲠是在自己的喉咙里，不是在别人那里。你只有把这个鲠吞下去，你才能更好地包容别人。包容自己需要你坦然接受自己的不完美，不怨天尤人，以一颗坦荡的心面对自己，善待自己，担待他人，静静地呵护心灵的天空。

接受自己的不完美

金无足赤，人无完人，在这个世界上，不管是人还是自然界的万事万物，都不会十分地完美。所以，对于一个懂得生活和享受生活的人来说，人生应该从接受和欣赏自己的不完美开始。

其实从我们出生的那一天开始，缺憾就伴随着我们的人生而来了，每一个人都会从自己身上找到不完美的地方，比如自己长得不够漂亮，自己的父母不是富豪，自己的成长环境不如人意等。然而，这种不完美是与生俱来或无可逃避的，所以我们首先应该从心理上去接受它，只有这样，我们才能保持内心的平静，然后从这种不完美中解脱出来，实现自己的价值。

熟悉《史记》的人都知道其作者司马迁是一个身体有很大缺陷的人。司马迁是西汉武帝时期的一个著名史学家，他继承父命，想要为西汉以前的历史写一部不朽的历史著作，让那些湮没在历史中的伟大人物能在后人心中复活。但是李陵事件使司马迁的人生发生了剧变。李陵是汉朝名将李广之后，在与匈奴人交战中败后投敌。为此，汉武帝大发雷霆，别人都不敢上前劝导，只有司马迁顶住巨大压力为李陵求情。可是汉武帝并不理会司马迁的请求，反而将其处以宫刑。宫刑对于一个男人可以说是莫大的耻辱，司马迁当时连死的心都有了。可是为了未完成的《史记》，他活了下来，同时他认为，一个人只有在经历了巨大的不幸之后才会有所成就，这种例子史不绝书。受刑后的司马迁变得更加发奋，其《史记》的风格也有所改变，后期明显比前期显得更加苍凉并且更具洞察力。

如果司马迁只是为自己受刑后的不完美身体嗟叹、消沉，那么今天我们

就不会看到这样的一本“史家之绝唱”了。历史上类似于司马迁这样的人还有很多，正如司马迁自己说的：“文王拘而演《周易》；仲尼厄而作《春秋》；屈原放逐，乃赋《离骚》；左丘失明，厥有《国语》；孙子膑脚，《兵法》修列；不韦迁蜀，世传《吕览》；韩非囚秦，《说难》《孤愤》；《诗》三百篇，大抵贤圣发愤之所为作也。”司马迁忍辱负重，接受了自己身体的不完美，并把它当成一个人成功的重要条件，这种气魄是一般人所没有的。

人生的不完美让我们觉得是一种缺憾，可是从另一角度来说，有时不完美对于很多事情来说也是一种难得的境界。海伦·凯勒的事迹正这是这种境界的最好注脚。

海伦·凯勒是19世纪美国盲聋哑女作家和残障教育家，1880年6月27日出生于亚拉巴马州北部一个小城镇——特斯开母比亚。她在19个月的时候就被猩红热夺去了视力和听力；不久，她又丧失了语言表达能力。然而，就在这黑暗而又寂寞的世界里，她并没有放弃，而是自强不息，在她的导师安妮·莎莉文的努力下，海伦用顽强的毅力克服生理缺陷所造成的精神痛苦，积极学习。虽然生活过早地就向她展露了狰狞的一面，但她并没有因噎废食。她热爱生活，热爱大自然，她从生活和与自然的接触中学到了很多的知识。虽然她早就丧失了听力与视力，但是她仍然以惊人的毅力学会了读书和说话，并开始和其他人沟通，而且以优异的成绩毕业于美国拉德克利夫学院，成为一个学识渊博，并且掌握英、法、德、拉丁、希腊五种文字的著名作家和教育家。她有感于自己不幸的经历，十分同情那些和自己一样的残疾人。她走遍美国和世界各地，为盲人学校募集资金，把自己的一生都献给了盲人福利和教育事业。海伦以她超乎寻常的毅力和高贵无比的灵魂赢得了世界各国人民的赞扬，并得到许多国家政府的嘉奖。

正是因为海伦过早地丧失了很多东西，她才能够比别人更加勤奋努力，比别人更能体会到残疾人的辛酸，从而把自己的一生都献给了福利事业。另外，由于海伦没有正常人的听力与视力，正常人世界中的很多平常事物都成了海伦向往的东西，并且经过海伦的理想浸润而变得过分美好。《假如给我三天光明》就是海伦世界中的光明世界。在这一特殊的光明世界里；没有正常人眼中的生杀予夺，有的只是无比的宁静与幸福。它是海伦的缺陷人生所凝结而成的完美世界。

世界本身就是不完美的，所以我们再去挣扎逃避也没有意义，不管这种不完美是与生俱来的还是人生中不能跨越的坎，我们都要以平和的心态接受和欣赏这种不完美，感谢命运的缺憾，感谢生活的艰辛，包容所有的不完美。因为人生正是在这样一个个的不完美中变得更加有意义，人生也正是在一个个的不完美中孕育着一个个完美。

人与人有时候在智商上并没有很大的区别，有差别的只是我们对待生活的态度。有些人屈服于生活的不完美，认为那是对自己的不公平，只是一味地抱怨，那么他们的人生也就再不会完美起来。我们只有包容人生的种种不完美，才能去创造自己生活中的完美。

不要刻意遮蔽自己的缺点

《伊索寓言》中有一个名叫《乌鸦与狐狸》的故事，故事是这样的：有只乌鸦偷到一块肉，衔着站在大树上。路过此地的狐狸看见后，口水直流，很想把肉弄到手。它便站在树下，大肆夸奖乌鸦的身体魁悟、羽毛美丽，还说它应该成为鸟类之王，若能发出声音，那就更当之无愧了。乌鸦为了显示自己能发出声音，便张嘴放声大叫，而那块肉掉到了树下。狐狸跑上去，抢到了那块肉，并嘲笑说："喂，乌鸦，你若有头脑，真的可以当鸟类之王。"

虽然《伊索寓言》说的是关于动物的故事，但其实是想通过动物的故事反映人类的缺点。正如这个故事中的乌鸦，它本应该知道诸如身材魁梧、羽毛美丽、声音优美这类优点根本就不属于自己，这些恰恰是自己的弱点，可是乌鸦不愿正视身上的弱点，而是试图以一些不切实际的言语来遮蔽它，这样的后果只能是自己吃大亏。

乌鸦不愿正视自己的缺点仅仅是失去了一块肉而已，对于人类而言，有时候一味地遮蔽自身的缺点将会带来难以估计的后果，甚至是付出生命的代价。

有这样一个故事，一位很有学问的科学家得知死神正在寻找他，他很害怕，但是又不想死。他想假使我克隆出和自己一模一样的人，死神不就认不出自己了吗！于是他便使用克隆技术复制出了十二个自己，想在死神面前以假乱真保住自己的性命。直到那一天，死神真的来了。面对着十三个一模一样的人，死神一时也无法辨认出哪一个是自己要带走的那位科学家，他怕由于自己的鲁莽而抓错人，便放弃了这次行动。他回去后很苦恼，觉得人类超过了自己所能控制的范围。正当他为此烦扰时，突然想到了一个好办法。而那位科学家，以为自己的办法已经骗过了死神。正在他为自己的聪明扬扬得意时，死神又回来了。死神微笑着对那十三位一模一样的科学家，不慌不忙地说："先生，您是个天才，能克隆得如此完美。但是很不幸，我还是发现了一处瑕疵。"那位科学家一听，便暴跳如雷地大叫："哪里有瑕疵？我的技术是完美的！"

"就是这里。"死神说着，一把抓住那个说话的人，把他带走了。

死神本来根本就不知道谁是真正的科学家，如果凭自己原来的办法可能，他永远也找不到真正的科学家。但是他知道人类最大的弱点就是不能包容和坦然接受自己身上的缺点，于是便使用了这样的方法来应对那位聪明的科学家。果然，科学家对自己充满自信，他不相信他的技术会有漏洞。但是他忘了自己的弱点：尽管在技术上他克隆出来的人和自己没什么区别，但是他不能容忍别人对自己存在任何怀疑。

科学家对自己性格弱点的无视与自大使自己丧失了宝贵的生命，可能他直到死也不知道自己为什么被死神看出破绽，或许他仍然认为是因为技术上的问题被死神抓住了把柄。可是，恰恰是他自己的自大出卖了自己。

一个人的自大会使自己陷入困境，而对于一个民族来说，看不到自己身上的弱点，将会带来亡国灭种的危机，晚清就是最好的例子。

中国向来认为自己是天朝上国，清朝虽然是异族入侵而建立的江山，但是在自大这一点上，清朝的皇帝和历来的中国统治者如出一辙。他们看不起别的国家，把他们称为蛮夷，认为自己是天朝，所以采取闭关锁国的政策。虽然明朝时期曾经有三宝太监下西洋的故事，但那不是国家间贸易通商务的往来和文化经济上的沟通与交流，而仅仅是一种类似于今天的慰问性质的巡航。这种情况一直到清朝依然如故。当英国人已经在为开垦殖民地而努力时，中国人依然做着天朝大国的美梦不肯醒来。他们拒绝和别国进行贸易交换，直到英国人用鸦片敲开中国的大门，他们才被迫开始和外国人通商贸易，可是他们依然不明白自己为什么会被自己一向鄙视的外国人打败。虽然他们认识到了自己器物上的弱点，但仍不承认自己文化的不足，所以在引进外国技术的同时仍然固执地坚持“中体西用”的政策。甲午战争的失败宣告了“中体西用”政策的流产，迷茫的中国人终于将目光转向了自己，他们抛弃了传统的腐朽文化，积极引进西方技术和文化，在经过了艰苦卓绝的努力后，曾经被嘲笑为“东亚病夫”的中国人终于站了起来，重新屹立于世界之林。

拿破仑曾经说，中国是一头沉睡的雄狮，一旦醒来，世界将为之颤抖。中国醒来了，但是，如果醒来后仍看不到自身的弱点，那么我们就会长期处于被动挨打的局面。即使我们看到了身上的弱点，如果不能正确地去认识它，或者对它恋恋不舍，不能果断地遗弃它，那么中国也不会取得最终的胜利。我们只有看到了身上的弱点，且能鼓起勇气去战胜它，才能取得胜利。

我们要包容自己的弱点，同时也要战胜自己的弱点，这要求我们要战胜自己。只要我们战胜了自己，不认为凡是自己的就是无可挑剔的，那么我们在面对未来生活的挑战时就会从容许多，大到一个国家，小到个人，概莫能外。

人贵有自知之明

世间万物都有自己的长处与短处，然而能知道自己的长处与短处却不是一件非常容易的事情。当然了，一般人对自己的基本定位还是有的，乌鸦去袭击羊这样的蠢事或许只有堂·吉诃德那样糊涂的人才能做得出来。有的时候，我们只看到自己显在的外形，不能真正地认识自己。因此古人早就告诫我们——人贵有自知之明。

其实认识自己就是要发现自己的优缺点，不能被别人的华丽言辞包围，迷失自己，失去人生的方向。认识自己是对自己优点的肯定，对自己缺陷的包容，只有正确认识自己，才能认清现实环境的严峻，从而作出明智的选择。

齐威王的相国邹忌长得相貌堂堂，身高八尺，体格魁梧，十分漂亮。与邹忌同住一城的徐公也长得一表人才，是齐国有名的美男子。

一天早晨，邹忌起床后，穿好衣服、戴好帽子，信步走到镜子面前仔细端详全身的装束和自己的模样。他觉得自己的确长得与众不同、高人一等，于是随口问妻子说："你看，我跟城北的徐公比起来，谁更漂亮？"

他的妻子走上前去，一边帮他整理衣襟，一边回答说："您长得多漂亮啊，那徐先生怎么能跟您比呢？"

邹忌心里不大相信，因为住在城北的徐公是大家公认的美男子，自己恐怕还比不上他。所以他又问他的妾，说："我和城北徐公相比，谁漂亮些呢？"

他的妾连忙说："大人您比徐先生漂亮多了，他哪能和大人相比呢？"

第二天，有位客人来访，邹忌陪他坐着聊天，想起昨天的事，就顺便又问客人说："您看我和城北徐公相比，谁漂亮？"客人毫不犹豫地说："徐先生比不上您，您比他漂亮多了。"

邹忌如此作了三次调查，大家一致认为他比徐公漂亮。可是邹忌是个有头脑的人，并没有就此沾沾自喜，认为自己真的比徐公漂亮。

恰巧过了一天，城北徐公到邹忌家登门拜访。邹忌看了一眼，就因徐公那气宇轩昂、光彩照人的形象怔住了。两人交谈的时候，邹忌不住地打量着徐公，他自觉自己长得不如徐公。为了证实这一结论，他偷偷从镜子里面看看自己，再掉过头来瞧瞧徐公，结果更觉得自己长得比徐公差。

晚上，邹忌躺在床上，反复地思考这件事。既然自己长得不如徐公，为什么妻、妾和那个客人却都说自己比徐公漂亮呢？想到最后，他总算找到了问题的结论。邹忌自言自语地说："原来这些人都是在恭维我啊！妻子说我美，是因为偏爱我；妾说我美，是因为害怕我；客人说我美，是因为有求于我。看起来，我是受了身边人的恭维赞扬而认不清真正的自我了。"

别人赞扬我们，很多时候并不是因为和我们有仇而刻意蒙蔽我们，更多的时候，这只是对我们的一种尊重或敷衍，但是我们不能在赞扬声中迷失了自己，而要时刻保持清醒头脑，特别是居于领导地位的，这种自知之明就显得尤为重要。

生活中失败的人往往是那些没有自知自明的人，因为知己知彼方能百战不殆。但是在知彼之前我们首先要认识自己，因为只有正确认识了自己的优缺点和力量强弱，我们才能去合理地估量对手的强弱，之后才能想出应对的策略。那些不自知的人，尽管也想取得成功，但是由于不知道对手和自己的差距悬殊，仅凭一腔热血，因此即便与对手进行殊死搏斗也难挽回局面。

有这样一则寓言故事：古时候，楚庄王想去讨伐越国，有一位名叫杜子的人劝阻他说："大王要攻打越国，为的是什么？"楚庄王说："因为越国现在政治混乱，兵力疲弱！"杜子又说："一个人的智慧就好比人的眼睛，能够看清楚很远的地方，却始终无法看见自己的眼睫毛。大王的军队自从被秦国打败，已经丧失了许多的国土，这是国家的兵力疲弱；有人在国内造反，官吏却无法禁止，这是政治混乱。目前，楚国兵弱政乱的情况与越国不相上下，而您还要出兵攻打它，这难道不是看不到自己的弱点？"虽然楚庄王想吞并越国，但是他觉得自己先前的确没有考虑到当前国家的现状，只是想当然。于是他同意了杜子的意见，取消了攻打越国的计划，决定暂时实行休养生息，待到国富民强时再去考虑。

楚庄王可以听取别人的意见，及时调整自己的治国政策，使他免于惨败；如果他不听杜子的意见，或者他看不到战秦以后国弱兵乏的局面，一意孤行，那么结局可想而知。所以老子说能够认清自己就可以叫聪明。若认不清自己，别人的情况也就没有对比尺度，凡事就只能盲目地去做。项羽乌江自刎就是一个最好的例子。可叹的是项羽临死之前仍然不知道自己失败的原因，只是把它归为天命对自己不公，不是自己武力不敌人。项羽的英勇人所共知，但是只靠匹夫之力来打江山显然不切实际，而他的刚愎自用，最终也毁了自己一手打下的楚国，只能让后人扼腕叹息而已。

所以，人贵有自知之明，自知就像冬日里的阳光，会为你的心灵带来希望；像黑暗的灯光，照亮你前方的路；同时自知也像一面明镜，找出你身上的瑕疵，指引你未来的路途。人们只有先正确地认识了自己，然后才能明确优势和劣势，才能明智地选择人生的职业，为社会创造财富，才能肩负起历史责任，完成一生的使命！

骄傲是阻碍成功的敌人

古人云：满招损，谦受益。骄傲是人在获得成功时容易产生的一种情绪，但是一旦一个人产生了这种情绪，就容易盲目自满，不再寻求进步，故步自封，所以骄傲是阻挡我们成功的大敌。

我们的骄傲主要源于我们的无知，我们以为我们现在的进步已经超过了所有人，于是便飘飘然了。我们不知道，当我们沉浸在自满的情绪中时，那些曾经的失败者已经开始总结失败的教训，重新扬帆起航了。邓小平说：“骄傲”两个字我有点怀疑。凡是有点干劲的，有点能力的，他总是相信自己，是有点主见的人。越有主见的人，越有自信，这个并不坏。真是有点骄傲，如果放到适当岗位，他自己就会谦虚起来，要不然他就混不下去。龟兔赛跑的故事正说明了这一点。

兔子长了四条腿，一蹦一跳，跑得很快。乌龟也长了四条腿，爬呀，爬呀，爬得很慢。有一天，兔子碰见乌龟，笑眯眯地说：“乌龟，乌龟，咱们来赛跑好吗？”乌龟知道兔子在开它玩笑，瞪着一双小眼睛，不理也不睬。兔子知道乌龟不敢跟它赛跑，乐得摆着耳朵直蹦跳，还编了一支山歌笑话他：乌龟，乌龟，爬爬，一早出门采花；乌龟，乌龟，走走，傍晚还在门口。乌龟生气了，说：“兔子，兔子，你别神气活现的，咱们就来赛跑。”“什么，什么？乌龟，你说什么？”“咱们这就来赛跑。”兔子一听，差点笑破了肚皮：“乌龟，你真敢跟我赛跑？那好，咱们从这儿跑起，看谁先跑到那边山脚下的一棵大树。预备！一，二，三——”兔子撒开腿就跑，跑得真快，一会儿就跑得很远了。它回头一看，乌龟才爬了一小段路，心想：乌龟敢跟兔子赛跑，真是天大的笑话！我呀，在这儿睡上一大觉，让它爬到这儿，不，让它爬到前面去吧，我三蹦二跳就追上他了。“啦啦啦，啦啦啦，胜利准是我的嘛！”兔子把身子往地上一歪，合上眼皮，真的睡着了。再说乌龟，爬得也真慢，可是它一个劲儿地爬呀爬，爬呀爬，等它爬到兔子身边时已经累坏了。兔子还在睡觉，乌龟也想休息一会儿，可它知道兔子跑得比它快，只有坚持爬下去才有可能赢。于是，它不停地往前爬、爬、爬。乌龟离大树越来越近了，只差几十步了，十几步了，几步了……终于到了。兔子呢？还在睡觉呢！兔子醒来后往后一看，哎，乌龟怎么不见了？再往前一看，哎呀，不得了了！乌龟已经爬到大树底下了。兔子一看可急了，急忙赶上去，可已经晚了，乌龟已经跑到了终点，取得了胜利。

兔子跑得快，乌龟跑得慢，为什么这次比赛乌龟反而赢了呢？就是因为兔子本身就骄傲地认为乌龟绝对不会在它前面跑到终点，按理来说，正常的赛跑中，乌龟的确不可能取得胜利，但是兔子在跑了一会儿把乌龟甩在后面时又开始骄傲，这种骄傲让它忽略了自己是在进行比赛，反而呼呼大睡。而乌龟正是在兔子骄傲时做到了不骄不馁，始终坚持，最后终于取得了胜利。

有了一些小成绩就不求上进，这是不可取的。攀登上一个阶梯，这固然很好，但只要还有力气，那就意味着必须再前进一步。当我们把自己以为的很大成就放在人类这个范围中时，它就显得渺小了很多。所以，一个人要想有所成就，就应该克服骄傲这个大敌，做到胜不骄，败不馁，保持谦虚的精神，这样才能不断取得进步。

被人们称颂为“力学之父”的牛顿发现了万有引力定律，在热学上，他确定了冷却定律。在数学上，他提出了“流数法”，建立了二项定理，和莱布尼兹几乎同时创立了微积分学，开辟了数学上的一个新纪元。可以说，他是一位有多方面成就的伟大科学家。然而，他非常谦逊。对于自己的成功，他谦虚地说：“如果我看得比笛卡儿要远一点，那是因为我站在巨人的肩上。”他还对人说，“我只像一个海滨玩耍的小孩子，有时很高兴地拾着一颗光滑美丽的石子儿，真理的大海还是没有发现。”

牛顿的成就足以让他十分骄傲地在世人面前夸耀，并且让后人叹为观止。然而他没有骄傲，他认为自己的成就是建立在笛卡尔的成就上的，而真理的大海他还远没有发现。这种对骄傲的拒斥或许是牛顿取得巨大成就的不可或缺条件。正是他对于自己成就的不满足，才使他对真理的探求孜孜不倦。

人的一生变数很多，有成功的时候也有失败的时候，但是其实人的成功和失败仅有一步之遥。在你成功的时候请记住千万不要骄傲，因为骄傲或许会使你下一步的成功变为失败，世界就是那么奇妙。

克服以自我为中心的意识

从自我的圈子中跳出来，多设身处地地替他人想想，以求理解他人，并学会尊重、关心、帮助他人，这样才可获得别人的回报，并从中体验人生的价值与幸福。

世界太大，大到我们想到宇宙的边界就会茫茫然，可是有时候，世界又小得可怜，甚至小到只剩下我们自己一人。“墙角的花，你孤芳自赏时，天地就变小了。”冰心的这首诗准确地揭示了以自我为中心的人的心胸是何等偏狭，在他们那里，世界不再存在，未来不再拥有，有的只是此时此刻一己的荣辱悲欢。一个成功的人知道，如果把过多的精力放在自身，广阔的天地也就不再属于自己了。所以，我们要时时注意克服以自我为中心的意识。

有位年轻人的故事挺耐人寻味。一次，他在路上拾到一张两元钱的钞票。从此，他走路时眼睛总是离不开地面。可是在接下来的四十年里，他并没有因此而拾到更多的钱。他总共收集了329516颗钮扣，52172根针，7分钱，而他付出的代价却是十分惨痛的。因为老是弯腰走路，他的背不知不觉总是弓着，因此他比别人更早地驼了背，十分可怜。因为他总是惦记着路面是否会有不义之财，他失去了交朋友的兴趣，因此也失去了友爱。同时，由于他双眼总是不离地面，他也失去了对大自然美景的欣赏和为别人服务的机会。

过度关注自我的人，就像上面故事里的主人公，变得不会正常生活、丧失正常感受、没了正常情感、缺了正常思维。其实以自我为中心并不是少数人的问题，而是人类的弱点。正是因为这种弱点在每个人身上都有可能出现，而它的杀伤力又是如此之强，所以我们更须警惕，想方设法地去除它。

春秋鲁宣公十二年时，楚国出兵攻打郑国，晋国于是派荀林父等人率军前往援助郑国。晋军正要渡河时，却听说郑国已经和楚国讲和。而统帅荀林父在分析形势后，认为不能轻率地进军与楚国交战，因此就打算撤兵回国。然而大将先縠却不听指挥，自行率领军队渡过黄河，去追击楚军。荀林父发觉后，已无法阻止，只好下令全军前进。楚王听说晋军已经渡河追来，原本打算退兵，令尹孙叔敖也有相同的看法，就命令军队继续南撤回国。但是大夫伍参力劝楚王应该出兵与晋军交战，他认为，晋军的荀林父才刚新任统帅，威信不高；而将军先縠又固执刚愎，不听指挥；其余将领也都意见不一，使得部下无所适从。这时若是楚军出战，必定可以胜利。楚王听了伍参的话，就下令停止撤退，回师北进，迎击晋军，果然打败了晋军。

伍参之所以不赞成楚王退兵，就是因为他看出先縠是一个自我意识过强的人，因此他对别人的意见都不放在心上，只是一意孤行，使得别人无所适从。此时楚国趁着敌军意见不统一时与它作战，所以才赢得了意想不到的胜利。

以自我为中心，小到伤害自身，大到误国，有时甚至会威胁到人类的生存安危。克隆人技术即是最好的例子。

既然以自我为中心的意识这样危害人类，而它又是如此普遍的人性弱点，我们应该怎样避免或至少减弱其对我们产生的有害影响呢?

对于那些总陷于自我痛苦而不能自拔的人来说，不妨试一试把自己的精力、注意力从原来专门的或者过多的注意自我，特别是注意自我内部的、消极的、痛苦的、没有太大意义的一面，转向外部的、积极的、愉快的、有意义的一面；从专门的或过多的注意自身，尝试转向自己的学习、工作或有趣的活动，并转向周围的同学、同事和朋友。这样，你会有新的感受、体验，而你原来的痛苦、不适就会减少、减轻，以至于连你自己也不明白怎么就慢慢消失了。

从心理学的角度来讲，人要实现心理上的健康，必须完成由“小我”到“大我”的转变。所谓“小我”，就是自我的小圈子，封闭的自我。所谓“大我”，就是将自我融入到自己所处的群体、环境乃至社会中，在群体和社会中多担负责任，与他人和谐相处。而人要走出“小我”，就要有一种“忘我”的精神，满怀热情与兴趣地去学习、工作、生活、交往，这种“忘我”的精神会使你忘了自己的那点痛告、挫折、不适、得失，体验到的是愉悦、成功、自豪、充实，如此你的许多原来看似难解的心理症结，就会在不知不觉中解决。

请不要过多地注意自己！

正视自私心理

虽然自私是一种较为普遍的心理现象，但是大多数人都没有意识到这一点。

自私是一个使用频率很高的词，它不像大家经常会用到那些词一样是个赞美感激的词汇，而是一个不折不扣的贬义词。假使我们用自私去形容一个人的品行，那其实就是对一个人的否定。但是这样的一个十足的坏词其实对我们每一个人来说都不陌生，因为我们在自己身上或多或少都会找到一些自私的影子，只是有的人多些，有的人少些，有的人一旦发现就毫不犹豫地把它摒弃掉，而有的人却始终不能发现自己的自私，或者是明明知道还对它恋恋不舍。

可是，我们要明白的一个道理就是，不管我们身上的这个弱点是否严重，不管我们对它有多么不舍，最现实的是自私其实是我们心灵的毒蛇，它喷射出的毒液会污染我们的心灵，使我们中毒，最终走上人性恶的不归路。

小芳和小丽是某卷烟厂的两个好姐妹，两个人平时可以说是形影不离。她们穿一样的衣服，吃一样的饭，玩一样的游戏，假使有人说两个人中任何一个人的坏话，冲上前去抱不平的肯定是另外一个人。单位的人都知道她们俩情意深长，又因为两个人都很漂亮，所以叫她们姐妹花。

可就是这样在外人看来坚不可破的友谊，却因为一件不可思议的事情而破裂了。事情的起因就在于单位来了一位年轻有为的新技术员小李。本来小芳和小丽年纪也都不小了，只是因为二人长得漂亮，眼光高，所以虽然别人为她们介绍了不少对象，但是二人都不太满意，因此至今还是单身。眼见得年龄一天天增长，终身大事却没有任何寄托，两个人都是看在眼里急在心里，虽然表面看来似乎无所谓，心里却像蚂蚁在热锅上爬一样。对这次来的小李，二人却不约而同地都看上了，并且都在偷偷接近。有一天二人在谈心时不约而同地说到自己对小李的好感，这时她们才发现彼此看上了同一个人，可是人只有一个，姐妹却是一双，二人在这件事情上都有点气对方，不知不觉中就把对方当成了敌人，从此形同陌路。

接下来的日子里，两个人都把全部的精力放在了讨好小李这件事上。两个人还偷偷较上了劲，比如，有人不经意间说了句小芳和小李很般配的话，小丽就会很气恼，而且不冷不热地说："般配不般配，那得看人家小李能不能看上她那样的。"要是在以往，这样的话绝对不会从小丽嘴巴里说出来。而小芳呢，也没闲着，只要是别人说了任何关于小丽的好话，她肯定能找出各种各样的理由与借口去反驳别人的意见。

可是两个人的反目成仇并没有促成其中任何一个人的姻缘。小李只有一个，但是小李可选择的对象千千万万，最终他并没有认同小芳和小丽中的任何一位。原来，他早就有了一个青梅竹马的女朋友，只是因为对方仍在读书，所以没有完婚。

虽然小芳和小丽两个人的目的都没有达到，两个人的共同目的也不复存在，可是经过这件事情以后，二人再也没有和好，以前的情谊就这样随着一件极其荒谬的纷争而结束了。

小芳和小丽之间友谊破裂的主要原因就是两个人的自私心理的作祟，如果二人在面对事情时可以让自己的自私心理暂时缓一缓，弄清楚事情的真相，弄清楚小李究竟喜欢两个人中的哪一位，假使小李喜欢的人是自己，而另外一个人存心在其中作梗，那时再和对方翻脸，都是可以理解的。可是两个人心里都只能装下自己而不能容下别人一丝一毫，友谊的破裂也就不足为奇了。

小芳和小丽的自私只是让自己失去了一位朋友，朋友失去还可以再找，可是如果我们一辈子都陷入这种自私的怪圈，那么我们的人生肯定是悲剧性的结局。

孙膑和庞涓，本来两人情同手足，但是庞涓生性自私，两个人的感情在一起学习期间还算牢固，可是一旦关系到自己利益时，庞涓就露出了自私者的本来面目。他发现自己本事不如孙膑，怕孙膑抢了自己的功劳，所以诽谤孙膑，让他失去了双脚。而毫不知情的孙膑竟然感谢庞涓救了自己一命，还孜孜不倦地为庞涓写《孙子兵法》。直到发现庞涓有意要害自己，他才逃出魏国来到齐国。而庞涓并没有因此放过孙膑，执意要置孙膑于死地，最终自己死在孙膑的手上。

孙膑本无心害庞涓，他刚开始和庞涓一起为魏国效力时只想着和庞涓并肩作战，而且想把自己所学传给庞涓。可是庞涓不分青红皂白，唯恐孙膑撼动自己在魏国的地位，一心要置孙膑于死地，最终害人不成反害己。庞涓的悲剧正是为那些自私者所做的最好的注脚。虽然自私是一种较为普遍的病态心理现象，但是大多数的人都没有意识到这一点。人性中包含的贪婪、嫉妒、报复、吝啬、虚荣等弱点，从根本上讲都是自私的表现。

虽然说懂得为自己谋利是一种生存技巧，是前进的动力，也是自我保护的方式，但是，一旦将这种本领歪曲并延伸，就会发展成无可救药的极度自私。明智的人应该对自私有一个客观的认识。

第3章

包容让你拥有更多机会：心有多大，舞台就有多大

包容是一种修养，一种处变不惊的气度，一分坦荡，一分豁达。对人多一份理解和包容，其实就是支持和帮助自己，善待他人即善待自己，这样你的人生之路才能越走越宽阔。生活中，面对他人不经意的过失，用一个淡淡的微笑来面对；听到一句轻轻的歉语，用博大的心胸来包容。任何时候都不要苛求于人，以律人之心律己，以恕己之心恕人，授人玫瑰，手留余香。

要想得到他人宽容，首先要做到包容他人

海纳百川，有容乃大。正因为大海收容每一朵浪花，才汇聚成波涛万里的雄壮；高山雄伟壮观，是因为高山收容每一块岩石，而不论其大小；天空广阔无比，是因为天空收容每一片云彩，而不论其美丑。有人曾经形象地说，一个人能包容下多大的空间，他就能做到多大。能容一个班的人，能当班长；能容一个团的人，能当团长；能容上亿的人，便能成为领袖。心宽则能容，能容则众归，众归则才聚，才聚则业兴，只有你能包容他人，他人才会包容你。包容是一种修养，一种美德；包容是一种智慧，一种境界；包容，是生活的辩证法，更是生活的一门艺术。

退一步，海阔天空；忍一时，风平浪静。人生不如意者十之八九，大多时候，我们不会早早得到圆满，我们总是会遇到误解，遇到无理刻薄，遇到种种难料的磕绊，波折总是超乎我们想象地逐一呈现。总是有这样那样的人，他们的言行难以符合我们的道德标准，然而我们必须去包容他们，因为每个人都有他的苦衷，都有他的人生规则。包容之心的伟大就在于，它能够熄灭怒火，感化邪恶，播散善良，它能够无私奉献，从不计较。包容之心让我们享受阳光一般的温暖，雨珠一般的滋润。

战国时，赵国舍人蔺相如凭三寸不烂之舌，在渑池会上，使赵王免受侮辱，被封为上卿，官职在老将廉颇之上。廉颇居功自傲，对此不服，屡次故意挑衅。蔺相如以国家大事为重，始终忍让。之后廉颇终于醒悟，向蔺相如负荆请罪。正是有了蔺相如的包容大度，才有了廉颇的知错就改，才使将相和好，使强秦不敢小觑赵国，保全了国家。

纵观历史，许多著名人物正是因为他们的包容，才使得他们在让人倍加尊重的同时，也取得了巨大的成功。蔺相如如此，齐桓公又何尝不是这样呢？管仲射伤齐桓公，齐桓公却原谅了他，并拜他为相，从而消灭了一个敌人，得到了一个朋友，也成就了自己的霸业。

冤冤相报何时了，得饶人处且饶人。蔺相如和齐桓公的大度，就是一种包容，一种博大的胸怀，一种不拘小节的潇洒，一种伟大的仁慈。自古至今，包容都被圣贤乃至平民百姓尊奉为做人的准则和信念，并被视为育人律己的一条光辉典则。金无足赤，人无完人，正因如此，我们要包容他人，谅解他人的过失，包容他人对你的伤害，理解他人带给你的竞争，这是一种豁达，更是一种自信。

处于繁荣时代的我们，由于自小受到的溺爱太多，形成了以“自我”为中心的心理，总是不自觉地心胸狭窄，容不得人，不允许一丁点不利于自己的事存在，遇到误会、摩擦、矛盾，就容易冲动，将矛盾升级甚至恶化。结果不仅弄得自己闷闷不乐，还把与他人的关系僵化，孤立了自己。其实我们只要多一点包容，尝试站在他人的角度思考问题，平和地沟通交流，就能化解误会与矛盾。只要我们对他人多一点包容，他人也会包容你。

包容，就好像两个圆环，你容下对方多少，对方也会容下你多少。年幼的时候，总是不明白这样的道理，好朋友说错话了、恋人没有做到自己百分百满意、父母没有理解我们的想法……凡此种种，都成了我们发脾气的缘由，我们就好像脆弱的自行车胎，小小的钉子就能把我们捅破。我们的眼中容不下一丁点儿沙子。年幼的我们，总是如此幼稚，对人苛责，对己纵容。当时的我们不知道，当我们包容他人的时候，他人也会包容我们；而当我们责难他人的同时，他人也在挑我们的毛病。

包容是相互的，你包容他人，他人会记在心上，会感激你，下一次，遇到类似的情况，他也会包容你。如果每个人都将一己之利作为首要考虑条件，总是往他人身上安放各种各样的度量尺，那么，我们的眼睛就再也看不到美好与可爱。“水至清则无鱼，人至察则无徒”，万事万物都有其不完美的一面，为何不以一颗柔软的包容心，来体察它的另一面呢？

包容是一门学问，懂得了包容，就懂得了生活，就懂得了快乐；包容的学问，来自内心的慈悲，来自人性之初的仁善。包容是一门艺术，它不是随意说说就可以明白和养成的，也不是拥有了之后就会不经意丢失的东西；包容的艺术，源自精神的凝聚，源自善良的结晶，源自至善至美的沉淀。包容是人生的财富，短暂一生，变幻无常，有的人在无尽的怨恨中挣扎、虚度；有的人在快乐幸福中沐浴阳光、享受雨露。包容他人，他人才会包容你，唯有如此，才能发现人世间的善与美，才能拥有平静而安定的心。

以和为贵

以和为贵的思想伴随着中华文明流淌了千年百年。以和为贵，一个轻描淡写的“和”字，却包含了深沉的丰富的内涵，和气、谦让、体谅、互尊……凡此种种，都被包罗进了“和”字。我们的生活，我们周遭的世界，因为有了“和”而越加美丽。“和”代表了和谐、统一，代表了相互支持、相互包容，代表了浓浓的人情味、浓浓的感恩情。“以和为贵”，铿锵有力的四个字，深藏了多少东方传统智慧的灵光，暗含了多少低调内敛而聪颖明智的处事道理。凡“以和为贵”的人，都有一个宽广的胸怀，一颗感恩的心，一个包容的态度。俗话说，“量小失众友，度大集群朋。”“和”不仅是一种精神境界，也是一种文化内涵。“和”是一种哲学理想与人际指针，不管中国历史上演了多少争斗，中国人推崇的最好姿态仍是“和”。正如《中庸》中所讲，万物并育而不相害，道并行而不相悖。中国人的民族性就是外圆内方，宽以待人，保留自己的个性，容许他人的不同。自然以和为美，人类以和为善，生活以和为福。世界需要和平，社会需要美好，家庭需要和睦，为人处事需要和气。所有的一切都要以和为贵，以“和”为前提。

千百年以来，“和”在人们心中一直是一种美好的意象，它是举案齐眉的包容，是君臣有礼的敬重，是一方海阔天空的平静。文人士大夫莫不“以和为贵”，君主帝王莫不以“和”治国。“和”，可以在我们出现误会、产生分

歧、发生矛盾时，充当调停人，化一场既恼人难堪又剑拔弩张的干戈为玉帛。

当然，任何事物都有两面性，纯粹的“以和为贵”与纯粹的“竞争意识”都是盲目而容易失控的。太激烈太极端的事务总是脆弱易逝，无法长存。当拿破仑在圣赫勒拿岛上孤独地死去，当希特勒罪恶的尸体被汽油点燃……历史上那么多的好战主义者，让我们清楚地看到，弃和平于不顾，成为“竞争意识”奴隶的人，无论是不可一世的政客，还是精明透顶的商人，都终究在竞争中被淘汰。纯粹的“竞争意识”就如一柄刚烈无比的剑，刚极必折，终会断裂。而同时，当李煜发出“故国不堪回首月明中”的悲叹时，当楚怀王含恨而亡时……那些甘当懦夫，一味退让的失败者，又让我们看到，失去抗争之心和竞争意识的人，也必将在社会的发展中被淘汰。纯粹的“以和为贵”就是在一开始把自己置于卑微之境，让人把自己当作一团稀泥，任人揉捏，任人鱼肉。

在人们以往的理解中，总以为，只要是竞争，要么两败俱伤，要么一方战胜另一方。实际上，有更好的结局：“以和为贵”求双赢，在竞争中取长补短，在合作中共同发展。用包容的心，去包容对手的优势，不因看到对方的强项而心生妒意，而是用欣赏的眼光，由衷地肯定，并且寻求合作，优势互补，让双方共同前进。只有包容，才能获得更大的进步；闭塞内心，狭隘处事，终将在市场的淘沙中落后于时代，最终消逝不见。

IBM与微软的公司间合作便是个成功例子。当初，IBM（国际商业机器公司）开发了个人电脑的模本，却没有合适的软件可供运行。当时刚成立不久的小公司微软抓住机会与IBM合作，为其开发操作系统软件DOS。这个软件掀起了操作软件的革命风暴，微软公司从此强大起来。后来，微软成为电脑软件的大哥大，总裁比尔·盖茨是全球知名的首富；而IBM也成为电脑硬件领域的“蓝色巨人”。合作使双方都得到了发展。

“伊利”的总裁牛根生认为同行是一家，“只要是正当、公平的竞争，最终的结果往往是双赢甚至是多赢，而不一定是你死我活”。面对“蒙牛”的竞争，“伊利”把自己的发展主题确定为“双赢和倍增”。蒙牛创业初推出的第一个广告语是“蒙牛向伊利学习，做内蒙古乳业第二品牌”。在企业得到快速发展后，蒙牛又推出大型户外广告牌：“我们共同的品牌·中国乳都·呼和浩特。”“为内蒙古喝彩！千里草原腾起伊利集团、兴发集团、蒙牛乳业……”蒙牛和伊利以和为贵，在竞争中共同发展，不仅撑起了内蒙古乳品行业的脊梁，也为整个中国乳品行业注入活力。

“以和为贵”与“竞争意识”就如同至柔和至刚，只有两者兼有，适当运用，一个国家才能昌盛，一个民族才能兴盛，一个人才能立足于社会。要融会贯通二者，必须要拥有一颗包容之心。

长期以来，在中国人的意识里，“和为贵”这个主题思想时强时弱，时隐时现，但从未消泯。“不喜与人争”仿佛是中国人的标签之一，“谦让”在传统的中国文化里是一种难能可贵的美德。注重“以和为贵”是儒家崇尚的一种德行，对于人际关系乃至团队自身的生存和发展都至关重要。

然而，人与人之间达到完全的沟通和理解的确不太可能，这个时候就要依靠每个人所接受的教化，心怀善意，懂得包容，包容不同的声音，包容他人的反对，包容他人的攻击，去融化敌意，包容万千，学会和谐相处而不盲从，既坚持自己的原则，又包容对方的意见，做到真正意义上的“以和为贵”。

著名文学家雨果说：“世界上最宽阔的是海洋，比海洋更宽阔的是天空，比天空更宽阔的是人的胸怀。”随着时代快速的发展，我们需要拥有越来越博大的度量，越来越宽阔的胸怀。包容为怀，以和为贵。北风吹袭路人，只会使人更紧裹住衣裳；而温暖的阳光，却使人愿意解开厚重的大衣。当我们以诚心与别人交流时，一颗包容而真挚的心，将是最有效的前提条件；包容是一盏心灯，照亮自己，照亮身边的人。

给他人方便，也是给自己方便

生活中，尤其在中国，面子往往是衡量一个人为人处世水平的杠杆，有着重要的意义。与人交往不能不给面子。给人面子，或者要求别人给自己面子，都是合乎礼义规范，合乎人情事理的。面子的学问中蕴含着立人立志立事业的方法与技巧。只有处处给别人面子，你才能更有面子。不在乎面子的人，通常没有好人缘。而如果只在乎自己面子，却不顾别人面子的人，那么也总有一天会因为这种自私在“面子”上吃亏。

现代社会对人的交际艺术提出了很高的要求，一个在社会上立足的成人，即使他知道自己的观点是完全正确的，在试图让人接受他的观点时，也应该尽可能保全对方的面子，并以此为切入点让别人接受自己的观点。尽力做到最终令别人不仅适当采纳了你的建议，同时对你的包容明理留下深刻的印象，这样，无形中，你在他的心里也赢得了面子。

粗暴的人通常是那些自认为掌握着真理就可以拼命找别人的过错和缺点，用直接而强硬的方式说服别人，甚至给人带来威胁感的人。即使他说的全部是事实和真理，也难以让人接受这种沟通方式，因为他在说服人的时候已经深深地伤害了别人的面子，对方必定无法听从他，无法给他面子。

生活中，人人爱面子，你给别人面子，就是予人所好之物，就是给了自己一份人际交往的厚礼。每个人都有自尊心和虚荣心。有时为了自尊和虚荣，人们甚至可以对某些利益进行退让，吃点暗亏，但就是不愿意丢面子，伤自尊心。一个人若想在社会正常的交际中得到认可与肯定，如鱼得水，就不能和不懂事的小孩子一样在公众场合率直地批评别人，说人不好，而是要学会用一些委婉、含蓄的方式来间接地表达自己的意思。这样，既能保住他人颜面，又可以理服人，无形之中，就为自己挣得了面子。

小张去朋友家吃饭。进餐时分，大家闲聊起最近一条高速公路的修建问题。小张因为日前工作的关系，对这条公路的修建工程有点了解。于是他反复强调，公路的进度一再推迟，是有关方面的一个严重错误。而刚好餐桌上有位朋友不同意，认为那条公路本来就不该建。于是大家你不让我，我不让你，两人你一言我一语，话赶着话，争论越来越激烈。后来那位朋友把问题扯到“很多人自私心重，没有环保意识”上面，显然是在批评小张。

此时，小张意识到再争论下去无法收场，便开始缓和下来，委婉地说：“可能我们的看法永远也不会合辙，可是，那没什么大不了的。也许我们都是对的，也许我们都是错的，这也是未可知的事。”小张的一席话，不仅在关键时刻给自己搭了台阶，也顾全了朋友的面子，避免双方争论不休，影响感情。

试想，如果小张意气用事，与朋友一直争下去，结果会如何呢？而他后退一步，给双方一个台阶下，反而为双方保全了面子，赢得了一桌人的尊重。

很多时候，朋友之间发生争论，并不是不了解对方，而是没有采取最好最合适的沟通方法所造成的。这时候争论的双方切不可以怒制怒，最好的方式是主动给自己找台阶下，且不伤害朋友的面子，多加解释，设法沟通或者道歉、劝慰，与朋友达成适当的共识。

然而，遗憾的是，在生活中很多人都无法像小张那样，懂得“给人面子”，因而得罪了他人，也为自己以后的失败埋下祸根。这些人常犯的毛病就是，自以为对某件事很有见地，自以为很有口才，一遇到机会就高谈阔论，把别人的观点压制下去，批评得一无是处，他自己则痛快至极，不知自己强要了“面子”，却让周围的人全都感到不痛快，破坏了自己以后的人际关系，最后失去面子的往往就是这种人。

给人面子是一种包容。在批评他人时，要给对方留面子。这需要包容的心胸，包容的态度。如果心中容不下他人的观点，容不下一点不同意，又何谈给人面子呢？帮助他人时，要给他人面子。即便你有足够的能力帮助他人，即便你多么乐善好施，也要在施予的同时注意为他人留足面子。本就是出于好意，那么就更要表现得真诚、自然，不要让他人觉得是一种负担，是一种“人情债”。同时，偶尔也接受下他人的帮助，即便是小小的“回报”，对方也会因为这样的“礼尚往来”而觉得自己有面子，从而也会给你更多的面子。要做到这种周全，同样需要包容的心，如果不够包容，怎么能接受比自己弱的人来帮助自己呢？要用包容的心去放低姿态，用包容的心去让社交的双方都感觉到“有面子”。

给人面子，在职场中，还体现在赢得荣誉时把功劳留给上司和同事。工作中取得骄人的成绩，不要贪心，要以包容为怀，把这些功劳让给上司和同事，即便他们的确没有付出多少努力，也要让他们与你一起分享喜悦，切忌独自享受鲜花与掌声。在适当的时候，说上一句：“如果没有领导的支持和同事们的齐心协力，我就无法取得今天的成绩。”诸如此类的话一说出口，领导和同事都会欣赏你，因为你给足了他们面子，他们看到了你包容为怀的博大胸襟。在今后的工作中，你就能获得领导与同事更多的支持与帮助。

因为包容，所以不吝啬给人面子；因为包容，所以甚至允许他人比自己更有面子。用包容的心放下身段，放低姿态，给人最圆满的颜面，赢得他人的喜爱与尊重，同时也为自己的日后交往赢得面子。面子就是这样一个奇妙的东西，只要有心，处处留意给人面子，你会发现，最终获得更大面子的那个人就是你自己。

宽容他人无心的过错

人非圣贤，孰能无过。谁都有可能犯错误，只是大小轻重不尽相同。在这种情况下，能否拥有一种包容的态度对待这种“过”便成了衡量素质的一个标准。包容对待他人的过错，就是要学会压制或克服自己内心对当事人的歧视，尽管自己心里并不痛快，感到懊丧甚至恼火，也要设身处地地为当事人着想，考虑一下如果换作自己会如何去做，在做错了事情之后又有何种想法。要做到这点，不仅需要“容”，更需要“忍”。既然事情已经发生，再说亦无用。我们不妨抱着包容理解的态度，给予当事人最和善的建议和鼓励，重新给予对方信心。

美国南北战争的时候，林肯一次又一次任命新的将军统率北军，而每一个将军——波普、伯恩基、胡克尔、格兰特都相继惨败，林肯无计可施，异常失望。当时全国有一半的人都在痛骂那些差劲的将军们，但林肯一声不吭。他喜欢引用的句子之一是“不要评议别人，别人才不会评议你”。当林肯太太和其他的人对南方人士有所非议的时候，林肯说：“不要批评他们；如果我处在同样情况之下，也会跟他们一样。”林肯的包容与理解给了将领们最大的信心，最终为林肯取得了南北战争的胜利。

丙吉是汉宣帝的丞相，有一次他的车夫酒醉后呕吐到他的车上，相府的主管骂了车夫一顿并想辞退他。丙吉说：“他如果是因为醉酒失事而遭辞退，还有哪里会收容他呢？你就容忍一次吧，不过是把我车上的垫褥弄脏罢了。”于是丙吉决定继续留他作车夫。这个车夫把这一次的宽赦记在心中。车夫家在边疆，经常目睹边疆发生紧急军务的情况。那天出门，恰好看见使者将边境的紧急文书送来，他随后一打听，知道敌人已经侵入云中郡、代郡等地。他马上回到相府，将情况告诉了丙吉，并说："恐怕敌人所侵犯的边郡中，有些太守和长史已经又老又病，无法胜任用兵打仗的事了，丞相最好是预先统计一下。"丙吉认为他说得很对，就召来负责高级官吏任免事项的官员，查阅边郡县官员的档案，对每个人都仔细地逐条审查。紧接着，汉宣帝召见丞相和御史大夫，询问敌人所入侵的郡县官员的情况，丙吉一一正确答复。御史大夫仓促间十分窘迫，无言禀告，只得降职让贤。而丙吉则以时时忧虑边疆、忠于职守受到皇帝的称赞。

丙吉包容了车夫的过失，从而得到了车夫的回报。即使得不到回报，我们也应该有一颗包容的心，包容对待他人的过错。古人说，人非圣贤，孰能无过？每个人都有犯错误的时候，不要因为某个人出现某种过失，便忽视他，或一棍子打死，或从此以某种眼光去看待他。因为我们自己也会有过失的时候，当别人的无心之过冒犯你的时候，请设身处地地为当事人着想一下，"假如这个过失是自己造成的，自己会是怎样的感受呢？"

能够包容对待别人的过失，以宽仁为怀，是一种非常优秀的品质。很多成功者就是凭借对他人的包容而走上了成功之路。包容对待他人的过错，能够减少人们之间的仇恨、暴力和偏执，同时还能让我们以善良、尊重和理解的心来对待别人。现实生活中，人与人之间的良好关系是建立在包容的基础之上的。宽以待人，人们彼此之间才能感情融洽、和睦相处。俗话说："尺有所短，寸有所长"。每个人都有缺点与不足之处，倘若不能包容他人的过错和缺点，人与人之间就无法正常交往。"水至清则无鱼，人至察则无徒。"包容不会失去什么，相反，却会以此得到人心。一个人若想成就一番大事，在人际交往中，就不要太计较个人的得与失，将心比心，包容对待他人过失。你的包容给了他人一次机会，其实也是为自己的未来多创设了一个可能。因为大多数人懂得感恩，大多数的人会记得别人给过他的包容。

常言道，包容对待他人的过错，可以融化他人心上的冰霜。当身边的人做了错事，只要不涉及严重的原则问题，就多想想他的苦衷、他的缘由，去包容和理解他。对于大多数人来说，造成重大错误本身已经给自己造成了内心的痛苦和无望，雪上加霜的斥责和惩罚在此时已经毫无必要，只会滋生不满。善于创造奇迹的人懂得首先帮助他人解决问题，然后再帮助他人把错误发生的根源找出来，最后以包容的方式让事情成为过往。这样的人往往会赢得最终的人心。一个人的心胸有多宽广，他就能赢得多少人。包容有时候就是站在对方的立场，将心比心，关注对方的感受。付出包容，你将收获无穷。

做人切莫斤斤计较

《尚书·伊训》中有言："与人不求备，检身若不及。"说的就是做人、择友、做事，不一定非要完美无缺，事事算尽。所谓糊涂糊涂，就在于眼糊涂、耳糊涂、嘴糊涂。只要无碍大局，于公于私无碍，就不妨顺势而为，抓大放小，糊涂之中，体味做人之道。做人，豁达的个性必不可少。无论结交朋友还是求人办事，若斤斤计较，扭扭捏捏，恐怕都只能空手而归，因为处处苛求人者也必处处遭受苛求。

生活中，有的人遇到一点点委屈便斤斤计较、耿耿于怀，容不下那些与自己意见有分歧或比自己强的人。思想狭隘的人，往往将自己的生活箍在一个狭窄的圈子里，知识面也变得非常狭窄，对任何事都斤斤计较，受情绪、认识等的影响，经常产生一些冲动的行为，甚至造成难以预料的后果。一个人活在世上，要充分挖掘生命的潜能，把眼光放在大事情上，自己一时的得与失不算什么，让自己从狭窄的圈子里走出去，与人相处多一些热情，多一点直率，融"小我"于"大我"之中。通过交往的增多，加深彼此的了解，更透彻地了解别人与自我，开阔我们的心胸。

在每个集体中，都会遇到来自不同地域，有着不同文化、不同观念的人，而我们每个人就是生存在这样一个又一个大集体中，接触形形色色的人，各种各样的事物，这就要求我们更要懂得包容。

如果不懂包容，凡事都非要斤斤计较，那么你会觉得每天都有人让你生气，都有人对你不敬。我们都是平凡人，我们都不是生活在阳春白雪之境，现实的生活难免有种种不如意，每天都难免遇到各种不愉快的事情，比如，被人诬陷、莫名遭到牵连、付出的努力被人抢功，等不一而足。有的人斤斤计较，表面上不发作，却暗自把这些事情记在心里，伺机报复，结果这种仇恨的心理不仅没损害对方分毫，反而影响了自己的情绪，自食其果。在这个问题上，有些人处理得好，有些人处理得不好。处理得好的人，总是拥有好人缘，在群体中受欢迎；处理得不好，则容易得罪人，经常四面楚歌。这里面的差别就在于，有的人不斤斤计较，包容他人的不是，保持愉快的心情，将快乐回赠于人；而有的人则是事无巨细都放在心上，对一点点的利益都追求到家。立足于世，首先要会做人，要严格要求自己，在工作中与他人积极配合，在生活中与人为善，包容他人，对自己的缺点则“斤斤计较”，如此，自然会得到他人的尊敬和喜爱，赢得好人缘。不斤斤计较的人，目光长远，包容大度，因而能为自己营造出一个良好的人际关系氛围，最终有所作为。

1898年冬天，幽默大师威尔·罗吉士继承了一个牧场。有一天，他养的一头牛为了偷吃玉米而冲破附近一户农家的篱笆，最后被农夫杀死。依当地牧场的共同约定，农夫应该通知罗吉士并说明原因，但是农夫没这样做。罗吉士知道这件事后，非常生气，于是带着佣人一起去找农夫论理。当时正值寒流来袭，他们走到一半，人与马车全都挂满了冰霜，两人也几乎要冻僵了。好不容易抵达木屋，农夫却不在家，农夫的妻子热情地邀请他们进屋等待。不久，农夫回来了，妻子告诉他：“他们可是顶着狂风严寒而来的。”罗吉士本想开口与农夫论理，却忽然打住了，只是伸出了手。农夫完全不知道罗吉士的来意，便开心地与他握手、拥抱，并热情邀请他们共进晚餐。这时，农夫满脸歉意地说：“不好意思，委屈你们吃这些豆子，原本有牛肉可以吃的，但是忽然刮起了风，还没准备好。”孩子们听见有牛肉可吃，高兴得眼睛都发亮了。吃饭时，佣人一直等着罗吉士开口谈正事，以便处理杀牛的事，但是，罗吉士看起来似乎忘记了，只见他与这家人开心地有说有笑。饭后，天气仍然相当差，农夫一定要两个人住下，等转天再回去，于是罗吉士与佣人在那里过了一晚。第

二天早上，他们吃了一顿丰富的早餐后，就告辞回去了。在寒流中走了这么一趟，罗吉士对此行的目的却闭口不提，在回家的路上，佣人忍不住问他：“我以为，你准备去为那头牛讨个公道呢！”罗吉士微笑着说：“是啊，我本来是抱着这个念头的，但是，后来我又盘算了一下，决定不再追究了。你知道吗？我并没有白白失去一头牛啊！因为，我得到了一点人情味。毕竟，牛在任何时候都可以获得；然而人情味，却并不是很容易得到。”

故事中的罗吉士尽管失去了一头牛，却换得农夫一家人的笑容和幸福以及难得遇见的人情味，这段经历更让他懂得生命中哪些才是无价的。懂得了做人不斤斤计较，可以赢得快乐和真情。古人说，吃亏是福。的确如此，有时候，吃点小亏未必是坏事。有些人总是处不好人际关系，就是因为过于计较自己的利益，甚至是锱铢必较，争求种种“好处”，久了难免惹起他人反感。而实际上，这些所谓的“好处”未必能带来长久的利益，反而弄得自己身心疲惫，得不偿失。相反，如果对那些细小的不大影响自己前程的好处多一些谦让，这种豁达的态度无疑会赢得人们的好感。适当“让利”，吃点小亏，多做一些力所能及的事，将要取之，必先予之，这才是高明的处世方法。以这种包容的姿态去看待所谓的“吃小亏”，不斤斤计较，就会有一种良好的心境，就会以积极的态度看待利益纷争，做到真正的豁达与包容。

不要让仇恨的种子在心中发芽

我们都知道包容的力量，都明白对人要怀抱一颗豁达而感恩的心，然而当我们面对的是与我们有过仇怨的人时，我们还能做到以平常之心相待吗？那些仇怨真的可以一笑而过、一笔勾销吗？曾经对于你是非常纠结的事情，也许若干年后，却发现一切都是虚空。当时的恨意，抑或是怨念，可以放下吗？

一个人的心结如果打不开，最初和最后都是苦了自己、害了自己。心结产生心魔，让你对人对事多了怨恨。你越怨恨，心魔的魔力就越增长，所以，我们应该放开心结。被人伤害已经是一种痛，那尚且不是你的错，而被伤害之后你再怨恨，就是在不断地重复这伤害。此时，就是你自己的错了。打开心结，就等于把黑色的魔气释放，让自己的气场更美好。

记住恩德，我们就生活在温情和幸福之中了；记住仇怨，我们就生活在冷酷和怨恨之中了。所以，用包容的心去感恩生活，感恩身边的人，在恩德中生活，而不要生活在仇怨中。然而，我们该如何才能亲近恩德而远离仇怨呢？其实，一切都在发展变化中，随着环境的变化一切也随时发生着变化，我们又何必让已经过去的无意义的仇怨折磨自己呢？全身心地投入当下，包容过往的种种波折，包容一些带有敌意的人，包容自己曾经犯下的错误，不要跟别人过不去，也不要跟自己过不去，忘记仇怨，老天定会还你一个美好的未来。当你遇到所谓的不公平待遇时，请不要心怀愤恨，也不要惦记着以牙还牙。忘记仇怨，走过去，就是新一片美丽天地。

有一个动不动就恨别人的人，觉得生活很沉重，便去见哲人，寻求解脱之法。哲人给他一个篓子背上，指着一条沙砾路说："你每走一步就捡一块石头放进去，看看有什么感觉。"那人走到了头，哲人问："有什么感觉？"那人说："越来越觉得沉重。"哲人说："这也就是你为什么感觉生活越来越觉重。当我们来到这个世界上时，每人都背着一个空篓子，有的人每走一步都要从这世界上捡一样东西放进去，所以才有了越走越累的感觉。如果你想过得轻松些，你就要学会舍弃一些不必要的负担。而你的仇恨是你最大的负担，要想快乐，你必须学会忘记仇恨。"

如果冤冤相报，我们所处的世界就永无宁日。所以，在日常生活中，不要随意种下仇恨的种子，不要让这样的种子到处生根开花，更不能让它结出苦涩的果实。现实的工作和生活中，人与人之间的交往难免有矛盾冲突，人际间的误会、摩擦和各种不愉快的事情随时都会发生。如何化解矛盾，消解仇恨，包容他人无意甚至是有意犯下的错误，走好我们自己的人生之路，才是我们真正应该思考的。

海格利斯是古希腊神话中的一位英雄，他力大无比，嫉恶如仇。有一次，他正在赶路，发现一个口袋似的东西横在路中间，他便踢了一脚，谁知那东西不但没被踢开，反而膨胀起来。海格利斯来了脾气，就狠狠地踩了那东西一

脚，那东西不但没被踩破，反而胀得更大。海格利斯气得要命，就找来一根大木棒，朝那东西狠命地打了起来，那玩意儿越被打，就胀得越大，后来竟把整条前进的道路都堵了起来。这时，路边来了一个智者，笑着对海格利斯说：这个口袋叫仇恨袋，你不动它，它就小如当初；你若是踢它、踩它，它就没完没了地与你对抗到底，就会永不休止地膨胀，直到挡住你的道路。面对这种仇恨袋，你最好的办法就是不要去理它、动它，绕它而去，它就不会与你过不去。

正如寓言中所说的，一直把仇怨放在心上，它只会越变越大；而不去理睬，慢慢淡忘，最后仇怨就会消失，你的生活将继续前进。我们在与人交往中难免有矛盾，有了矛盾就难免有仇怨，如果你在工作和生活中时时记着这些仇怨，它们就会像海格利斯遇到的仇恨袋一样，一次次不断放大，直到挡住你前进的道路，影响你人生目标的实现。如果这样做，你得到的是永无休止的烦恼和耿耿于怀的仇恨，失去的是生活的快乐和事业的成功，这种结果，无疑是一种得不偿失的买卖。

不责人之过，不念人旧恶，用包容之心养德、远害。人非圣贤，有过错难免，只要不是原则问题，就不要攻人之恶太严，就不要抓住别人的错误当把柄，不要泄一时之愤。不记前嫌，不念旧恶，既是美德，也是经验，总记着过去的恩怨，实在不是明智之举，俗话说“相逢一笑泯恩仇”，包容为怀，过去的事情就让它过去吧。

每个人在生活道路中，都会遇到许许多多像古希腊神话中的仇恨袋的事情，明智的做法就是避开它。包容的人从来都不会受仇恨的纠缠，因此往往能减少前进的障碍和阻力，能专心致志地直奔自己的人生目标。

被同事算计了，不要记恨；被恋人抛弃了，不要记恨；被朋友出卖了，也要包容……无论何时、何地、何事，都不要记恨于心，都要用包容去融化仇恨。忘记仇怨是一种博大的胸怀，它能包容人世间的喜怒哀乐；忘记仇怨是一种品格，它能使人生跃上新的台阶。忘记仇怨就是忍耐，同事的批评、朋友的误解……唯有包容和忍耐才能化解一切。忘记仇恨就是快乐，忘记仇恨就是潇洒，忘记仇恨还是爱他人、爱自己、爱世界的一种方式。在现实生活中，你千万不要拿着显微镜看待周围的一切，人人都有不足，事事都有缺憾，但是瑕

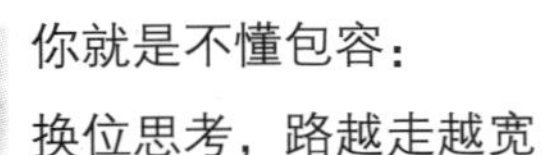

不掩瑜，只要我们每天告诉自己，要包容，要忘记仇怨，不刻意追求完美，我们就会从中发现自己喜欢的东西，从而拥有真实而美好的生活。

越谦虚，越包容

谦虚有很多种方法，做好事，友善，关心别人，平易近人，支持别人，懂得尊重别人，帮助保住别人的面子，不轻易责怪别人、嘲笑别人，有一颗包容心，这些都是谦虚。

《道德经》曰："上德若谷。"说的是有道德的人从不计较个人得失，其心量就如同空谷一般可以涵盖、包容一切。《道德经》又曰："江海之所以能为百谷之王者，以其善下之，故能为百谷王。"而我们做人也是这样，你只有谦虚、容忍、仁爱、不争，方可显"德"，而唯有"德"方可取胜。在现实生活中，我们经常看到，有真才实学的人往往虚怀若谷，肯接受批评；而不学无术、一知半解的人，常常自以为是，骄傲自满。睿智的人，会在别人的批评声中找到出口；愚蠢的人，则在批评声中怨天尤人。谦虚谨慎的人，才会赢得尊重，在困境中得到帮助。

中国有句古话，叫"谦受益，满招损"，"谦"即谦虚、谦和。具有谦虚美德的人，总是让人喜爱。而"虚"也不是一种简单的献殷勤，献殷勤通常是一种自卑无能的表现，因为无能，只好通过其他的途径来获取青睐。而真正的谦虚，是成熟的表现，是一种高尚的情操，是一种优雅的修养。谦虚，看似我们小学时候就知道的词语，是老师耳提面命教授的话语，其实，它更是赢得好人缘最简单可行的办法。谦虚，能让人把危难的时刻变成逢生的契机；谦虚，能使人在倏忽的机缘中成就毕生的理想；谦虚，能给人以改变局势的力量。而这样的谦虚，并不是说有就有的，它需要人生的历练，需要积累，积累到最后，就形成了包容。包容，就是自信和谦虚的总和。

著名商人胡雪岩在战火纷飞的年代也曾遇到过商业上的危机，但最终以他的谦虚诚信支撑了下去。

一天，一位老农到“胡庆余堂”买药，微露不悦之色，恰好被胡雪岩看到了。胡雪岩和颜悦色地问老人，是不是药店有什么招呼不周的地方。

老人见胡雪岩谈吐穿着不凡，知道是个管事的人，就说：“药店的鹿茸切片放置时间太久，有些返潮，希望贵店不要提前将鹿茸切片，等有人来买时再切更好。”

一旁的掌柜见老人是一个农夫，买的鹿茸也不多，便恶语相加，说“胡庆余堂”卖的都是上等马鹿茸，要老农夫不要在店堂内胡说八道。胡雪岩打断了掌柜的话，说：“老人家，您的建议我们马上就采纳，您以后一定会买到好的鹿茸，这次的鹿茸我们不收钱，希望您下次还能到‘胡庆余堂’买药。”说完，他当即下令鹿茸一概不得事先切片。

老农夫被胡雪岩的谦虚大度感动，逢人就夸“胡庆余堂”货真价实，每次进城都会给胡雪岩送些土产，两人成了忘年交。

胡雪岩的谦和不仅没有令药店失掉声誉，反而让他赢得了老农夫对“胡庆余堂”的信任，他一生结识了很多这样的朋友。胡雪岩常对人说：“我一无所有，有的只是朋友。”朋友们都非常信任胡雪岩，信任“胡庆余堂”，百年老店就是在信任中传承到如今。

谦虚与自卑不同，自卑缺乏积淀，因为内心的空洞而慌张，只好装谦虚。而真正的谦虚，是虚怀若谷，是有了丰厚的内涵，却因为包容，而愿意让人一步。谦虚的人，因为有了文化素养的积累，所以为人处事知书达理；谦虚的人，因为有包容之心，所以凡事看得透，想得开，不会钻牛角尖；谦虚的人，不把眼睛紧紧盯在他人的不足上，而是放眼于他人的优点和长处，学习他人的成功经验，取其精华，完善自身。

有谦虚美德的人，易于被人接受和喜爱。越谦虚，越包容，谦虚是包容的前奏，做到谦虚容易，而想要做到真正的包容，则对人提出了更高的要求。包容要用心。世上从来就不存在完美的人和事，如果不学会用心去包容，执拗于分清是非对错，只能是自寻烦恼。白璧微瑕，却依旧价值连城。同样，你自己也不完美，也需要他人的包容，将心比心，一切就不难理解。用心包容一切可包容的事物，会使我们的生活更幸福更美好。用包容心、上进心来要求自己，来完善自己，摒弃自满，保持虚怀若谷的态度，既能不让人讨厌，不得罪人，又能让自己学到更多东西。适度适时的退让，从来都是智慧之人审时度势的表现，只有短视的人才会把它看作吃亏。

在现实生活中，谦虚、包容的人往往能够顾全大局，尊重他人，在工作中团结协作，严以律己。谦虚的人在面对胜利和成功时，懂得保持冷静与理智，不夸大自己，心里清楚自己的分量，同时提醒自己前面的道路上还有更多挑战。包容的人，则是在谦虚的气度雅量之外，又多了一分处世的艺术。谦虚让一个人成长得更快，包容让一个人结交更多朋友。如果说谦虚是让人对你产生信任，让人对你敞开心扉的办法，那么，包容就是一种付出，是一种慈悲的爱，这种爱可以传达得很远。怀着谦虚的态度、怀着包容的心，做好事，行善缘，关心身边的人，尊重他人，给人余地和退路——这才是一个智者的处世道理。让我们用谦虚和包容赢得尊重，赢得爱。

让出功劳，反能收获更多

身在职场，面临着各种各样来自方方面面的压力，让我们除却凭借实力，更多了一份心，一份争夺利益的心。很多时候，我们只肯做一些短期见效的工作，做一些领导看得见成绩的工作。在功劳面前，我们当仁不让；在利益面前，我们苦心争夺。我们也的确看到，有些人通过自己的手段，平步青云。然而，有时候包容一点，不那么计较一时的利益，让出功劳，才是真正的智者，才是最大的赢家。因为你在让出功劳的同时积累了人脉，积累了善缘。这个社会大部分的人还是明理的，在人情世故面前，他们将来也会回报你。

其实大多数时候，不是每个功劳或者每分利益都是我们必须要得到的。对我们的仕途或者升迁有帮助的，其实只是某些细节。贪恋太多，表现太多，妄图占据全部的舞台，往往让领导和同事感觉到威胁，试想，谁会喜欢在身边留一个野心勃勃的人呢？最聪明的人通常懂得包容他人，包容比自己强的人展现光彩，包容比自己弱的人赢取难得的机会，因为这份包容的情怀，他懂得韬光

养晦，懂得功利面前不争不抢，淡定自若。这一次功劳被人拿了，周围的人都看在眼里，舆论也是倒向他这边；下次有什么好处，人家第一个就会想到他，觉得应该给他补一功。这就是以退为进的智慧。

公司里原来的总裁助理休了产假，需要从行政、人事部门抽调一个合适的人选担任新的秘书。这下平时的绩效全部成了此次考评的依据。以往的年度审查、月度考核，全部都被搬了出来。最终大家把目光集中在小王和小张两个人身上，大家发现以往的几次团队分组合作、共同建立人力培训模块时，小王和小张通常都是团队的主要负责人，并且带领自己的团队做出了一定成绩。而不同的是，在季度报表和年度报表里，小王的团队，只看得到他自己的名字，团体的功劳只是一笔带过，于是小王的年度奖金总是最多。而小张呢，则在多次的汇报和会议上，提到团队中的其他几名同事，将大家作出的贡献和成绩一一阐明，并对一些部门新进的年轻人作了推荐，推荐他们去了更适合的岗位。这么多年，小张付出了很多辛劳，但是工资并没有提升太多，每次的报告中，他都把功劳让给其他同事。而最终，老板选择了小张做自己的助理。理由很简单，与其找一个心思放在利禄的人在身边，不如找个实实在在做事的人在身边。更何况，在总裁身边，一个低调、包容的人明显比一个爱冒头邀功的人更合适。小张看似一直“不合算”，但是最终人气都倒向他这边，而他也一下子从部门助理升格为总裁助理，实现了真正的“平步青云”。

让出功劳，往往能收获更多。这种收获也许不是一两天所能看出来的，但是时间能过滤一切，糟粕和浮夸最终都被过滤不见，在人们的视野里消失；沉淀下来的，是真正有分量的东西，沉淀下来的，是人们记在心中的你的包容。

让出功劳，需要一种胸襟，不是所有的人都能做到，这要求我们能容人，可以接受与比自己优秀的人共事，能够接受别人比自己更有见地、更有才干，并且由衷地欣赏，这需要莫大的包容心。因为包容，才能容人；因为包容，才能心态平和；因为包容，才能面对利益不着迷。

有人说，现在这个社会竞争这么激烈，让功劳是傻事，傻子才做。其实不然，懂得让出功劳的人，往往心明如镜，他清楚地知道什么才是自己真正在意的、真正需要的，不是所有的功劳都要去追逐，不是所有的好处都要去争抢，对于不是最重要的东西，就包容一点，让给他人。就好像追女孩子，真正有头脑有魅力的男人，他不是所有的美女才女都去追，更多时候，只是和她们做朋友，甚至把自己的同性朋友介绍给她们；而只有在真正适合自己的、真正让自己欣赏的好女孩出现时，才着力奋进，猛烈进攻。放到职场也是如此，每个人的精力有限，过多着眼于功名利禄，往往无法集中精力做自己真正需要做的事情，到关键时刻来临时，将没有足够的精力和能量奋力一搏。懂得包容的人，往往低调内敛，不争不抢，凡事谦让，不显山露水，待时机成熟，就是他赢取成功或是幸福的时刻。

在现实中，领导与下属争功或贬低下属、抬高自己的现象，同事之间互相算计，背地里使手段，邀功等情况，都不时地出现。结果利益的追逐、人事的纷争，大大影响了集体的实际绩效。

《三国志》中记载，一次，曹操发布命令说："吾起义兵诛暴乱，于今十九年，所征必克，岂吾功哉？乃贤士大夫之力也。天下虽未悉定，吾当要与贤士大夫共定之。"并说，如果坐享胜利果实，我怎么能心安！于是大封功臣。在天下大乱、诸侯并起、纷纷逐鹿中原的东汉末年，曹操的队伍由小到大、由弱到强，最终扫平各路豪强，统一北方，功业可谓大矣，在我国历史上也是辉煌的一页。曹操在胜利面前，并未自我陶醉，也未居功自傲、贪天之功为己有，而是公开宣布这些胜利"乃贤士大夫之力也"。这里，对曹操的此番举动，且不论是其使用人才的韬略，还是调动其下属积极性的办法，但有一点有目共睹：曹操有着宽阔的胸怀。

用宽阔的胸怀包容他人，包容有才能的人，把功劳让给大家，这样才能收获真正的果实。从古至今，大凡哲人、伟人、有智慧的人，都为我们阐释了这个道理。用包容的心，让渡功劳，最终你会发现，无意中，你已收获了满满一卡车的奇异果。

第 4 章
包容是化解困难的良药：宽容比仇恨更有力量

天空包容了风雨，于是挂上了彩虹；大海包容了惊涛骇浪，于是有了雄浑；高山包容了每一粒泥土，于是有了巍峨。我们也要包容，越包容才会越成器，才会成就自己美好的品质和人格。人生如水，包容如杯；生命如歌，包容如律。包容是为人处世的大智慧，是对人对事宽阔的胸襟和非凡的接纳。懂得包容的人，有一种成熟的美，他们的心灵丰盈，对困境和磨砺总能轻易释怀。在包容中，他们塑造了自己的人格和品质。

雪中送炭比锦上添花更能打动人心

涓涓细流，巍巍高山，甚至一草一木，都被大自然包容着。登上山顶，抬头看天，低头看海，你便觉得整个人也都包容其中。大自然的胸襟如此广阔，我们热爱自然，也要拥有大自然般包容大度的胸怀。我们应该是包容的，我们应该放弃以前的不快，当别人需要帮助的时候，伸出援助之手，从而化解和别人之间的矛盾，同时完善自己。

古时候，有个得道高僧很受人尊敬。他在得道之前，经历了一件事情。

有一天，他出外化缘，快到傍晚的时候，突然雷声隆隆，天下起了大雨。雨势滂沱，看样子短时间内不会停止，怎么办呢？和尚着急四望，所幸不远处有一座庄园，他拔脚前去，打算求宿一宵，避避风雨。

庄园很大，守门的仆人见是个和尚敲门，问明来意，冷冷地说：“我家老爷向来和僧道无缘，你最好另作打算吧！”

“雨这么大，附近又没有其他的小店人家，还是请您给个方便。”和尚恳求着。

“我不能擅自做主，等我进去问问老爷的意思。”仆人入内请示，一会儿出来，仍然不肯答应，和尚只好请求在屋檐下暂歇一晚，结果，仆人依旧摇头拒绝。

和尚无奈，只好冒着大雨，全身湿透奔回了寺庙。

三年后，庄园老爷纳了个小妾，宠爱有加。小妾想到庙里上香祈福，老爷便陪着一起出门。可是在快到半山腰的时候，遇到了一伙强盗，当老爷正要被那强盗杀害时，一个和尚路过，赶走了强盗，救了那位老爷一命。当老爷准

备感谢时：“师傅和我真是有缘，我定重谢师傅。”这时那个仆人已经看出来了，这个和尚就是当年那个人，就悄悄地将事情的原委说给老爷听，这时候和尚说：“施主和我本没有善缘，只是希望施主能和苍生有善缘，才能功德圆满。”说着，便潇洒离去。

庄园老爷听了这番话，心中既惭愧又不安。后来，他便成了这座寺庙虔诚供养的功德主，香火终年不绝。

心胸褊狭的人，求一时之快，结果只会逐渐封闭自己未来更多可能的路向。恩怨都是已去的往事，若我们能包容别人，抛开一切恩怨，在别人困难的时候伸出援助之手，则我们的道路自然无限地宽广了！

帮助别人，就是从心底包容别人的外在表现，这会让犯错误的对方自己反省，比惩罚更有效果。

从前，在一个小镇上，有个地主，家财万贯，珍宝数之不尽，可是这个地主有个人人痛恨的儿子。他虽说是个有钱人家的公子，却烧杀抢掠，奸淫掳掠，无恶不作，和强盗没什么区别。甚至官府都不管，因为只要他被抓，钱就派上了用场，他的父亲总不能看着自己的独子入狱。

时间长了，镇上的人只有处处躲着他，以求相安无事。

一次，他在街上闲逛，突然看见一个行医的郎中，招牌上写着：“包治百病”。他看见这几个字，“破坏欲”又爆发了，他上前就问：“老头，你说我得了什么病啊？”

“人的病不只在于身，还在于心，公子其实病得不轻，修身就是治病。”郎中说道。

“放屁，老子根本就没病，庸医！骗子！你们赶紧把他的招牌拆了，什么‘包治百病’！”他让家丁拆了人家的招牌，还将这个上了年纪的郎中一顿毒打，然后扬长而去。

他继续在街上称王称霸，干尽了坏事。有人说得好，这世上的恶人非得在鬼门关走一遭才知道悔改。

有一天，镇上突然掀起了一场瘟疫，好多人都死了，很多郎中也不知道如何治，恰巧那个自挂“包治百病”的郎中会治；更为恰巧的是，那个危害百姓的富家公子也得了这个瘟疫。老地主听说有个郎中会治，千方百计地寻找，终于找到了。

当老郎中走到那人床前时，作恶少年大哭一声：“我活不了了！他日我作恶太多，报应啊！”两人都认出了对方，老郎中听到这话，没多说什么，开了药方，还附上一句：“放下屠刀，立地成佛！”然后和老地主道了别。

说也奇妙，老郎中的药方果然奏效，一段时间后，少爷又生龙活虎了。但一场大病后，他似乎变了一个人，不再为害乡里，而是造福百姓，帮助需要帮助之人，救济需要救济之人，待人也谦和了。街上的人都说是菩萨改造了他。

因为老郎中的包容和帮助，恶少获救了，这不仅让他消除了病痛，也让他放下了罪恶，成为一个善人。倘若老郎中记住了恶少当初砸他摊位，并暴打他的事情，他就会看着这个无知的少年被瘟疫折磨致死。可是老郎中包容了他，并且帮助了他，感化了他，这不仅挽救了他的生命，也让他不再作恶，这远比惩罚来得更有价值。

我们也要拥有老郎中的胸襟，包容别人，在别人困难的时候，伸出援助之手。原谅别人，包容比惩罚更有意义。你的包容会换来别人回敬，我们在帮助别人的时候也就成就了自己。

切勿揭人疮疤

海纳百川，有容乃大。能包容一切的人才是智慧的人。生活中，我们要做到包容别人，包容别人的缺点，包容别人的疮疤，成为一个大度能容的人。

金无足赤，人无完人，每个人都会有缺点，也都会有自己的痛处，我们要包容别人的这些缺点和痛处，而不要揭人疮疤。每个人的疮疤都触及最脆弱的神经，很多痛苦的经历和往事都和这伤疤关联着。可是，生活中，很多人却因为别人和自己有过节或是误会，拿别人的疮疤来泄愤，以图发泄心中的不快。可是这种快乐是建立在别人的痛苦上的，于是这种误会越积越深，仇恨往往就是这样形成的。而假如我们能考虑一下对方的感受，包容别人一时的冒犯，那

么也就不会揭人疮疤，你们之间的误会也会在你主动的示好下解开。

抓着别人的缺点和痛处不放，揭人疮疤的人，可以说是自私的人。这样的人首先就不是一个会为别人考虑的人，那是别人的短处或是痛处，这样做无疑是在人家伤口上撒盐。其次，这样的人是不会包容别人的人，别人的那一点疮疤在他眼中仿佛会传染的“绝症”，于是逞一时痛快，不顾别人感受，揭了别人的疮疤。

不会包容别人的人会拿放大镜看别人的缺陷，看到的往往是别人给自己带来的不利，于是便揭了别人的短。有时候，很多悲剧的酿成就是因为一颗不能包容的心。

有一对姐妹，她们从小关系就很好，但因为两人后来上了不同的大学，就分别了。

姐姐和妹妹性格不同，姐姐是个比较开朗的人，而妹妹总是多愁善感。大学毕业后，姐姐在她读大学的城市安家立业了，而她最希望的就是妹妹也能和自己住在一个城市，她多次催促妹妹去她那里，可是妹妹都没有答应，原因只有妹妹自己明白，因为她处于热恋之中，不忍弃男友而去。

突然有一次，妹妹给姐姐打电话说：“姐，我可能去你那里，你欢迎吗？”

“那肯定啊，你是我最亲的人了。”

“对了，我跟你说件事，我有个同学怀孕了，可是她还没有结婚，男朋友抛弃了她。她问我她该怎么办，我也不知道，就来问为你。”

“别管人家的闲事，她不觉得丢人啊，到处说，我看她死了算了。”

妹妹一听到这些话，就挂了电话，姐姐觉得很奇怪，打过去的时候，已经无法接通。就这样，一个多星期也没有妹妹的消息，姐姐赶到那个城市的时候，妹妹已经自杀了。而听医生说，妹妹自杀之前，腹中已经有个成形的胎儿了。姐姐悔恨交加，可是一切已经晚了。

这是一个让人悲伤的故事，这就是一个不能将心比心、自私的姐姐因为不能包容别人的疮疤而带来遗憾。妹妹是个感情脆弱的人，她从姐姐口中得知姐姐容不下她，更让家里人丢了脸面，于是她选择了自杀。遗憾往往就是这样造

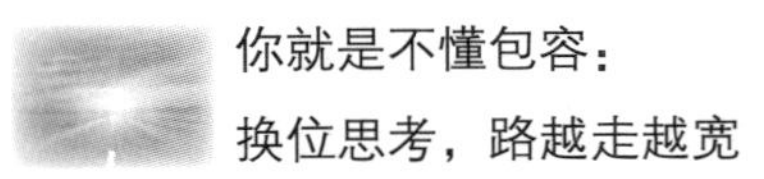

成的。

生活中，假如我们能从别人的角度考虑，多为别人想想，也就能包容别人的缺陷，就不会揭别人的疮疤，这不仅能成就别人，也能完善自己。

维也纳有位女钢琴家，虽然很有才气，却是个大大咧咧、不大会收拾自己的女孩，她在生活中经常遇到很多怪事，从小就是这样。

在她十岁那年，她要远涉重洋到加拿大参加一项重大的钢琴比赛。这次比赛规格高，很隆重，听众多，参赛选手也多，请来的评委都是极有权威的大家。而轮到她表演的时候，却出现了"故障"，她突然发现自己的裙子后面的蕾丝边不知道在哪里刮坏了，简直就是一个"小尾巴"拖在自己后面，她自己都觉得很尴尬。可是，她已经出场了，总不能退回去。于是，她大胆地走到舞台中间，很自信地弹着她预备好自己的曲子。整个决赛场上，万名观众静悄悄地注视着那个有个"小尾巴"的女孩。这时，居然没有一个评委对女孩稍稍流露出不满，而是静静地等着。他们居然包容了女孩。出乎意料的是，这位女孩获得了极大的成功，听众包括评委在内，都情不自禁地为女孩鼓起掌来。

有人曾说，这次比赛中，评委的包容，是人类艺术史上一次耐人寻味的包容。

在这样隆重的场合，这些评委们没有挑剔小女孩的毛病，成就了这个女孩的钢琴人生，也成就了一段佳话。如果这些评委们揭了小女孩的疮疤，这个小女孩会因在这种重大场合受批评而心中藏有阴影，或许人类艺术史上又少了一个伟大的钢琴家，而这场音乐盛宴也会留下瑕疵。

所以，于人于己，我们都应该做到包容，包容别人的缺点，包容别人的缺陷，不去揭别人的疮疤。包容别人，就是完善自己！

宽恕比仇恨更有力量

社会就像一个森林，而我们每一个人，就如同这森林里的树一样，都是社会里的成员，独木不成林，也没有人可以脱离社会而孤立存在。人与人之间总

会发生矛盾、冲突，我们必须学会包容，这样，才能使人与人之间的感情更加融洽。而记恨是一种负面情绪，我们若把所谓的仇恨压在心底，那么一连串的不良反应都会被我们心中的仇恨牵引出来。仇恨让我们失去理智，仇恨是毁灭的死神，仇恨让我们失去人与人之间的和谐，让我们失去人间真情，让我们困在自身设置的陷进中无法逃脱。

所以，宽恕比仇恨更有力量。生活中，我们免不了会和他人发生摩擦、碰撞，包容是最好的良药。莎士比亚名剧《威尼斯商人》中有一段台词："包容就像天上的细雨滋润着大地。它赐福于包容的人，也赐福于被包容的人。"包容于人于己都有利，也能让矛盾双方放弃前嫌，同心同德地去完成更重要的任务。包容比仇恨更有力量。

蔺相如为了赵国的利益，顾大局，识大体，不计较个人得失，不与廉颇斤斤计较。他的包容让廉颇深感惭愧，于是，廉颇背上荆条上门向蔺相如请罪，从此，二人同心协力保卫着赵国。

中国古代这种因为具有宽恕的美德而"化干戈为玉帛"、被后人传为佳话的故事很多：

相传，战国时期，楚国有两个村庄，地势却处在楚魏之间。虽说两个村庄相隔很近，但是经济发展状况却很不一样，一个村庄的人民靠种豆子很快发了家，可是另一个村庄还在为温饱奔波。于是，这个村庄的人民就心生歹计，他们经常在深夜的时候跑到另一村庄人民的田地里，把他们的豆子践踏掉。

种豆村庄的人知道以后很生气，准备报仇，当民众聚集在一起商量报仇大计的时候，村里的一位长者说："你们报复了又有何用，豆子会重新长起来吗？况且，冤冤相报何时了？还不如宽恕他们，或许能感化他们。"民众哪里肯听，都说非要报仇，不然难泄心头之恨。

老长者又说："不信的话，我们可以试试。"后来，村民没有去找那个村庄的人民报仇，还主动帮他们改善种植方式，那个村庄的人民很奇怪，可还是被感动了，两个村庄的人民一起种起了豆子，日子越过越好。

后来，魏国君王想把这两个村庄合并到自己的管辖范围，但丞相对他说了这个故事后，他放弃了出兵，他说，这样的村民是坚不可摧的。

这就是宽恕的力量。宽恕才能同心协力，宽恕才能放下心中的芥蒂，宽恕才能让双方以大局为重，才能让我们坚不可摧。你的宽恕，也会换来对方的宽恕，而仇恨则是一个“破坏狂”，破坏人际间的关系，破坏美好的人性。仇恨会引发报复、雪耻等行为，然后形成恶性循环，无休无止。

一位名叫莫里的建材商人，由于另一位对手的竞争而陷入困境。对方在他的经销区域内定期走访建筑师与承包商，告诉他们：莫里的公司不可靠，他的材料不好，生意也面临即将歇业的境地。莫里对别人解释说他并不认为对手会严重伤害到他的生意，但是这件麻烦事使他心中生出无名之火，真想“用一块砖来敲碎那人肥胖的脑袋作为发泄”。

“有一个星期天早晨，”莫里说，“牧师讲道时的主题是：要施恩给那些故意为难你的人。我把每一个字都仔细听了。就在上个星期五，我的竞争者使我失去了一份几百万的订单。但是，牧师教我们要以德报怨，化敌为友，而且他举了很多例子来证明他的理论。当天下午，我在安排下周日程表时，发现住在弗吉尼亚州的一位我的顾客，正因为盖一间办公大楼需要一批大型的钢材，而所指定的钢材型号却不是我们公司制造供应的，倒是与我竞争对手出售的产品很类似。同时，我也确定那位满嘴胡言的竞争者完全不知道有这笔生意。”这使莫里感到为难，是遵从牧师的忠告，告诉对手这项生意的机会，还是按自己的意思去做，让对方永远也得不到这笔生意？莫里的内心挣扎了一段时间，牧师的忠告一直盘踞在他心田。最后，也许是因为很想证实牧师是错的，他拿起电话拨到竞争对手家里。

接电话的人正是那个对手本人，当时他拿着电话，难堪得一句话也说不出来。莫里还是礼貌地直接地告诉他有关弗吉尼亚州的那笔生意。结果，那个对手很是感激莫里。

莫里说：“我得到了惊人的结果，他不但停止散布有关我的谎言，甚至还把他无法处理的一些生意转给我做。”莫里的心里也比以前好受多了，他与对手之间的阴霾也获得了澄清。

以德报怨，化敌为友，这就是宽恕的表现。因为莫里的宽恕，他获得了心灵的解脱，也让对手不再和他作对，还把他无法处理的生意交给莫里做，构建了生意场上的和谐。这就是宽恕的力量。

从对宽恕和仇恨带来的利弊的权衡上，我们不难发现，宽恕比仇恨更有力量。那么，我们为什么还要抓着仇恨的尾巴不放呢？为什么不宽恕一点呢？宽恕吧，朋友，让我们沐浴在宽恕的阳光中，接受心灵的洗涤，你会忘记仇恨，感受到人性的美好！

胜利并不是打败别人

我们渴望获得胜利，渴望胜利带来的酣畅淋漓的喜悦。可是，什么是胜利？我们是否又真正体味了呢？在我们的常规思维中，胜利就是打败所有和我们竞争的人。这种思维让我们只看见自己的利益，而忘记了有比打败别人更彻底的胜利，那就是包容别人，获得让人心服口服的胜利。包容别人的同时，也成就了自己，这才是真正的胜利。

其实，这个道理我们不难发现，生活中，我们发现很多在事业上成功的人并不快乐，其中很大一部分原因就是他们的成功往往是踩在打败别人的基础上，他们没有包容之心，他们打败了一个个阻碍他们成功的人。可当他成功的时候，他发现自己孤身一人，没有朋友，自己陷入孤立无援的地步。他赢得了成功，却在其他方面失败了，这不是胜利！

我们要有兼容并包的宽大的胸怀，要包容我们的竞争对手。胜利并不是形式上的，赢得别人的心才是真正的胜利，胜利并不意味着打败所有人。

古时候，有个国王，他有个很漂亮的女儿。这位公主貌似天仙，到了该出嫁的年龄，可是仍然没有合适的人选，国王为她推荐了很多人，都被她拒绝了。她说要自己选择，于是有个智慧的大臣给她出了一个主意。

于是，皇宫中办起了比武招亲，通过层层的角逐，剩下了两个武艺很高强的年轻人，最终将从这两个人中选出驸马。

两人激烈地打斗着，可是二人武艺不相上下，这么打下去就会两败俱伤，在座的各个大臣都不知道如何是好。

突然，其中一个年轻人突然停止了比武，说："兄弟，别打了。这样打下去只会无休无止，不如我退去，本来我就对这驸马的位子不是很在意，倒是你，回去好好疗伤，你今天打斗得太多。"

"那不行，我今天非要赢你不可，否则，即使我和公主成婚，我也心有阴影。"说完，他一拳打在了那个年轻人的胸口，年轻人猝不及防，而他还处处躲闪，有意不和对方打斗。最后，他失败了。

打赢了的年轻人站在擂台上，举起双手说："我胜利了，我可以娶公主了。"这时候，公主站起来说："你并没有胜利，你是个心胸狭窄的人，不会包容别人，你输给他了，他是故意让你的。我不会嫁给你！"她跑到擂台上，将那个被打伤的年轻人搀扶起来，对他说："你是个大度的人，你才是胜利者，我要嫁给你！"这时，全场掌声不断，另一个年轻人则灰溜溜地逃跑了。

年轻人和公主结了婚，两人过着幸福的生活。

从这个故事中，我们领悟到了什么是胜利，一个不会包容的人是不会取得真正的胜利的，那样的胜利只是表面上的。和公主结婚的年轻人是个包容对手的人，面对无法分出胜负的比武，他包容了对手，怕伤害对手，于是假装失败，处处闪躲，最终被公主选中。这才是胜利。

真正的胜利是要让人心服口服，这需要包容，包容你的对手，一个自私和斤斤计较的人是不会胜利的，他把打败所有人看成是胜利。其实，他失去得更多。顿悟之后，他才能发现胜利需要包容的心。

从前，在一座古老的寺庙中，住着一个老方丈，他武艺高强，但他从来不出寺庙一步。于是，就有很多人找上门来，要和他决斗，可往往还没有打斗，对方就心服口服地出了寺庙的门，并说自己败了。有个年轻人不相信这个传闻，于是非要到寺庙和老方丈一决高下。

当他到了寺庙以后，小沙弥把他引到方丈屋内。方丈什么都没有说，什么也不做。只是静静地念佛，敲着木鱼。年轻人拿起刀，要和他打斗，方丈突然对他说："施主，你杀了我，佛祖也会包容你！"

年轻人以为他是装腔作势，就刺进一刀，鲜红的血液流了出来。他不明白方丈为什么不还手。

他再刺进一刀，方丈还是没还手，方丈说："即使你杀了我，佛祖还是会原谅你。孩子！"年轻人突然意识到自己的残忍，意识到自己的无知，他赶紧找来药物给方丈上药。当他给方丈上药的时候，他发现这个老人身上全是被刀剑刺伤的疤痕，他一下子明白了，眼泪顿时从眼中流出来。

这个包容的老人，宁愿自己的身体被刺进一百次，也不愿意去伤害来挑衅的人。这个年轻人最后剃度修行，为那些震撼的剑伤。最后，他也成为了一个得道的高僧！

生活中，我们苦苦追求胜利，苦苦地为一些虚名虚利挖空心思去打败别人，可当你真正打败别人以后，你就真的幸福开心了吗？你就真正胜利了吗？殊不知，胜利并不意味着打败所有人，包容别人才是你胜利的基础！

其实，即使你被打败了，你也胜利了；而若你不会包容，即使你胜利了，你也失败了。你败了自己美好的品质，败了自己宽广的胸怀！包容吧，不要为那些所谓的胜利削尖了脑袋去钻营，大度能容，你自然会赢得胜利！

用包容之心化解仇恨

人生是一个多姿多彩的大舞台，在这个舞台上，每个人都是自己的主角，每个人都可以决定自己所要塑造的形象。而人生又有诸多无奈，我们的路总是有一些坎坷，总会碰到一些不如意的事。或许你会碰到很多你不想碰到的事，或许你会发现你的好朋友背叛了你，你的亲人欺骗了你，你的心一次次地受伤，你感到失落、灰心甚至绝望。可能，这时的你最需要的不是成功，不是财富，而是最温暖心灵的关爱。想要得到它，你就要多一分包容，多一分理解，因为你所谓的背叛和欺骗背后或许另有隐情呢？

早年，在美国阿拉斯加地区，有一对年轻人结婚，婚后生育，太太因难产而死，留下一个孩子。丈夫忙生活，又忙于看家，因没有人帮忙看孩子，就训了一只狗。那狗聪明听话，能照顾小孩，咬着奶瓶喂奶给孩子喝，抚养孩子。有一天，主人出门去了，叫它照顾孩子。他到了别的乡村，因遇大雪，当日不能回来。

第二天他赶回家，狗立即闻声出来迎接主人。他把房门打开一看，到处是血，抬头一望，床上也是血，孩子不见了，狗在身边，满口也是血。主人发现这种情形，以为狗性发作，把孩子吃掉了，大怒之下，拿起刀来向着狗头一劈，把狗杀死了。

之后，他忽然听到孩子的声音，又见他从床下爬了出来，于是抱起孩子；虽然身上有血，但并未受伤。他很奇怪，不知究竟是怎么回事，再看看狗身，腿上的肉没有了，旁边有一只狼，口里还咬着狗的肉；狗救了小主人，却被主人误杀了，这真是天下最令人唏嘘的误会。

天下最悲伤的事莫过于此了，这到底是那条忠诚的狗的悲哀还是人的悲哀呢？为什么看到血腥的场面人就会认为是狗的兽性发作呢？狗死了，被自己始终忠诚以待的主人杀死是它的悲哀；而在那个主人明了真相之后，良心上莫大的谴责也会伴其一生。这不过是个教训，因为他杀的只是一条狗，如若换成人与人之间的争斗，后果又会如何呢？

误会，往往是人在不了解、没有耐心思考的情况下就冲动行事造成的结果，误会的产生也大多是因为人的怀疑、不信任。因此，在弄清真相之前千万不要做出伤害别人最后反而伤害自己的举动，千万不要让误会酿成苦果。多忍耐一下，多理解一些，往往就会拥有皆大欢喜的结局。

学会耐心地观察周围的情形，学会耐心地等待他人的解释，学会谅解他人，是我们生活美满的真谛。

俗话说“人无完人”，每个人都有缺点，用自己的心去包容别人的错误，不要用伤害的方式来解决问题。要知道，伤害一旦造成，就永远会留在心底，即使伤口好了，也会留下伤疤。

生活中，真正身体上的伤害可能离我们很远，很少有人会去真刀真枪地对峙，但是有时候，不善的言语给人造成的伤害比给身体带来的伤痛更加厉害，因为那戳穿的是人的心灵。身体的伤口愈合了就不会再痛，而心灵上的创伤却会在心底隐隐地疼。

那些伤害过你的人，也许曾是你最好的朋友，请以感谢面对他们吧，这

样你才会更加成熟明智。看轻一切，相信生命的力量，相信包容的力量，也相信时间。不要因为一些无法释怀的坚持就去给别人造成伤害，因为那样也是对自己的一种惩罚，任何伤害的行为都需要我们良心的不安来作抵押。包容一些，体谅一些，忍耐一下，是最好的解决方法。转一下头，你会看到更灿烂的阳光。

朋友，让我们的心灵花园中种满谅解之花，让那些伤害过你的人体会到谅解之花的芳香。谅解是包容的结晶，谅解别人也释放自己，给自己多积蓄一分快乐！

包容是退一步海阔天空的智慧

古今中外，凡是能够成就大事的人都具备一种优秀的品质，那就是包容，他们能忍人所不能忍，容人所不能容。他们心胸开阔而不拘小节，头脑聪慧却又不妄露锋芒，他们处事高明，进退自如，他们善于忍让、能屈能伸，是真正的大丈夫。

有人讲“处世让一步为高，退步即进步的基本；待人宽一分是福，利人是利已的根基”，细细品来很有道理，为人处世，包容才是最高明、最根本的智慧。为人处事，一味争强好胜，处处显示自己，并不是什么聪明之举。不能容人，非要争强好胜，倒霉的只会是自己。

很多人都喜欢表现出自己比别人高明，恨不得所有人都崇拜他、恭维他，而他却把所有人都踩在脚下，这种对优越感的追求使得很多“在朝为官”的人成了鸡群中的“鹤”，也成了别人铲除的对象。古人说“藏巧守拙，用晦而明”，一个想要平静、安稳的人，必须懂得收敛自己的锋芒，否则“功高盖主，主必压之”，在上司面前逞强好胜实在不是什么明智之举。古今中外，有很多类似的例子。

提起韩信，中国人恐怕没有不知道的。韩信是汉朝的第一功臣，在汉中献计出兵陈邑，平定三秦，率军破魏，俘获魏王豹，破赵，斩成安君，捉住越王歇，收降燕，扫荡齐，力挫楚军。连最后垓下消灭项羽，也主要靠他率军前来合围。司马迁说：汉朝的天下有三分之二是韩信打下来的。但是他功高盖主，犯了为官者的大忌。当年刘邦曾问韩信："你看我能带多少兵？"韩信说："陛下带兵最多也不能超过十万。"刘邦又问："那么你呢？"韩信自显其能，夸夸其谈："我是多多益善。"这样的回答让刘邦颜面扫地，对韩信之能耿耿于怀。也许在带兵打仗方面韩信真的是强于刘邦，但他不懂得为人臣者应善于推功揽过，反而在常常逞能的同时，与刘邦讨价还价，终于一步步地把自己逼上了绝路。

大家都知道"韩信甘受胯下之辱"的故事，因为这件事，大家都称韩信为"能屈能伸"的大丈夫。他在受辱之后，也凭着自己的本事，闯出了一片天地。但是在功绩越高、功勋越多的情况下，他被冲昏了头脑，完全忘记了自己的根本，一味地在他的上级面前显示自己，甚至经常给主公难堪，表明主公不如自己，这样的张狂自大，容不得别人，谁人能容忍得了？最后的结果不说大家也能知道。一个曾经的英雄，没有死在战场上，也不是生老病死，而是被自己的不收敛和轻狂害死，真是让人感到不值得！

你越是急于表现自己，别人越是认为你过于急功近利。包容别人不是卑躬屈膝，委曲求全也不是屈服于命运，这只是在审时度势之后采取一个保全自己的良策。在人与人交往中，包容的过程是漫长而又痛苦的，但是没有包容的考验和磨难的锤炼，我们又怎能让自己的人生之路走得更顺畅？

一个不懂得包容、不懂得委曲求全的人，纵使有再大的本领，也没有发挥之处，纵使建立再大的功勋，最终的结果也是被当作眼中钉给除掉。所以说，想要发挥自己的才干，想要走向成功的彼岸，首先还是要容得他人，保全自己！

严格要求自己，少怪罪他人

在生活中，总是有一些不那么让人愉快的事情，它们或者是因为意外原因

导致的，或者是因为人们粗心大意导致的。而在遇到不愉快的事情的时候，很多人都选择把错误和责任归结到别人身上，其实，这种做法是不正确的。要知道，只有多多反省自己的人才能够取得进步，假如你总是把大错小错都推到别人身上，那么，日久天长，你必然会退步，而且，指责别人的做法也会使你失去身边的朋友。

虽然责任心是人们最基本的品质，但是，人们更喜欢逃避，而不喜欢承担责任。因此，在面对责任的时候，推诿是屡见不鲜的。遇到这种情况，我们应该怎么做呢？实际上，倘若你能够主动承认错误，承担自己应该承担的责任，那么，你的形象反而会变得更加光辉高大。要知道，大多数人都喜欢成功和成就，而害怕失败和责任。倘若你能够战胜自己逃避责任的本能，那么，你就是一个顶天立地的人。很多时候，犯错并不可怕，可怕的是犯了错误之后还畏缩逃避，不愿意承担责任。同样一件事情，因为你采取的态度截然不同，你得到的结果也是完全不一样的。而不管出于怎样的考虑，我们都要勇敢地反省自己，尽量不要怪罪他人。当然，这里所说的怪罪他人和诚恳地给他人提意见是完全不同的。怪罪他人是推诿责任，而诚恳地给他人提出意见则是为了使对方认清楚自己的缺点和不足，从而能够取得更大的进步。

任何事情都有两面性，尤其是当一件事情中有多方参与的时候，假如遇到失败，绝对不是因为单纯的某一方面的原因。通常情况下，原因都是非常复杂的，所以，我们与其怪罪他人，不如反省自身，以期自己能够在下次有更好的表现。

老和尚说自己年轻的时候非常自负，喜欢和聪明人交谈，而遇到比较愚钝的、悟性差的人，就没有丝毫耐心，总是指责对方太笨。

有一天，他上山去打柴，满载而归，心情好极。在归途中，他累了，所以就放下柴担到溪水边喝水，洗脸。此时，一只与他非常熟悉的小猴子来了，因为总是在路上偶遇，因此小猴子和他非常熟悉。洗完脸之后，老和尚想拿汗巾擦脸，却发现汗巾还挂在那边的柴担上。他的确精疲力尽了，因此就用手指着柴担，示意小猴子帮他把汗巾拿过来。

小猴子好像没有领悟老和尚的意思，跑过去之后，从柴担上抽了一根木柴拿来给了老和尚。老和尚觉得特别有趣，因此再次示意小猴子去拿汗巾。然而，这次，小猴子还是拿了一些木柴回来。看到小猴子不明就里的样子，老和尚哈哈大笑起来。为了使小猴子领悟他的意思，他拿了一块石头丢过去，恰巧丢到汗巾上，然后，他又指给小猴子看，并且说："拿那个汗巾。"小猴子赶紧屁颠屁颠地又去了，但是，它拿回来的还是木柴，而且满脸得意的表情，似乎在说"你看，我能干吧！"老和尚笑得前仰后合。

回到寺庙中之后，老和尚一边说一边笑地把这件有趣的事讲给方丈听。方丈问他："你跟师弟们讲道理的时候，假如他们听不明白，你就会大发脾气。但是小猴子同样是听不明白你的话，你为什么反而觉得十分有趣？"听了方丈的提问，老和尚愣住了，回答说："猴子又不是人，听不懂人话很正常的。但是，师弟他们可是人，他们应该能够听懂我说的道理。"

方丈反问道："什么叫应该？要知道，每个人天生的悟性不同，你为什么说谁'应该能'怎么样呢？"

听到这里，老和尚低下头默默无语。方丈继续说道："更何况，天道无常，人世无常。现在是别人不如你，今后也许就是你不如别人，换位思考之后，你意下如何呢？实际上，你最大的错在于你根本没有学着用佛的眼睛去看，用佛的心去思考问题。"突然之间，老和尚觉得自己好像茅塞顿开，但是又无法说清楚自己究竟悟到了什么，因此他连忙对着方丈磕头说："我佛慈悲，求师父教我！"

方丈微微一笑，说："你认真想一想，同样是无法理解你的意思，为什么你对小猴子开怀大笑，却对师弟发怒？实际上，他们并没有变，变化的恰巧是你的内心。由此可见，问题出在你的身上，而并不是出在他们身上。因为你是人，所以你不会对智商比你低的猴子发脾气；但是，因为你的师弟们也是人，所以你无法容忍智商和你相差无几的人。假如是佛呢？佛看到你师弟们的错误，他会勃然大怒吗？当然不会，因为佛的智慧能够包容一切。"

在上述事例中，老和尚年轻的时候之所以总是嫌弃师弟们太愚钝，听不懂他所说的话，主要是因为他觉得师弟们和自己智力相当，所以应该能够听懂自己所说的话。与此相反，他对小猴子更加包容，因为他觉得小猴子的智力比人

类低。实际上，倘若老和尚能够换位思考，设身处地地为他人着想，首先反省自身，那么就不会总是指责自己的师弟们了。要知道，凡事都有两面性，即使是吵架，一个巴掌也是拍不响的。尽管师弟们没有听懂老和尚所说的话，那也并不意味着是师弟们的过错，也许是老和尚没有表述清楚呢？总而言之，在遇到问题的时候，我们首先应该反省自身，因为这比怪罪他人的效果好多了！

用欣赏的眼光看别人

现代社会，人们的心态越来越浮躁，不知道从何时起，人与人之间多了一分轻视与嘲讽，少了一分称赞与敬仰。又不知从何时起，世界上莫名其妙地多了很多以“我”字为开头的“至理名言”。其中，很多名言都被人们认为是自信的表现，诸如：“我是最棒的！”“我一定能够成功！”。事实并非如此。要知道，自信是一个人在拥有一定基础与资本的情况下所表现出的一种精神状态。但是，假如一味地欣赏自己，盲目地相信自己，从来不能以低姿态去欣赏别人，那么，这种自信就会变成自负，变成骄傲自大、目中无人。须知，人外有人，天外有天，即使是我们共同生存的这个硕大的地球，在浩瀚的宇宙中，也只是一颗小星星而已，或者，也可以说是宇宙中的一粒尘埃。假如能够这么想，你还有必要把自己看得那么高，那么重吗？

我们在对别人挑三拣四的时候，其实不如学会欣赏别人，学会真心地赞美别人。这样一来，你就会发现，你所给予对方的真诚、友善等都会被对方加倍地回馈给你。诸如，一个人在说话的时候，你总是劈头盖脸地说“你说的是错误的，应该……”或者是“我认为我说的是正确的，事实就是……”想必，假如互换一下角色，你也不愿意听到别人在你面前这么说话。

因此，与其否定别人，不如肯定别人，诸如，“我觉得你说得特别对，尤其是……更是非常正确的。你是如何想到这一点的，我太佩服你了！”当然，这里所说的肯定并不是出于阿谀奉承的肯定，而是希望你能够真正地发现对方的闪光点，予以肯定。这种肯定，是发自内心的，而不是为了表面上的应承。

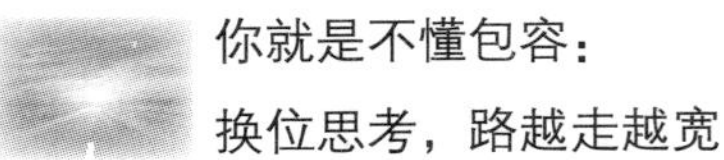

久而久之，你就会形成一种习惯，在看别人的时候首先看到他的优点，这样一来，你必然更加欣赏对方，从而为自己良好的人际关系奠定基础。与此相反的是，假如你总是一味地吹毛求疵地挑剔和指责别人，那么你终将成为不受欢迎的人。

张明和李霞已经结婚一年多了，对于大多数新婚夫妇而言，结婚的第一年应该是非常甜蜜幸福的美好时光。但是，张明却不止一次地想要离婚，而且整日唉声叹气，不堪重负。

原来，李霞是一个心思非常细腻的人，她总是对张明吹毛求疵，搞得张明不堪其扰。例如，张明有点儿邋遢，其实，大多数男人可能都不像女人那么爱干净，因此，李霞就整日唠叨张明，一副非得把张明变成“洁癖男”的样子。实际上，张明虽然邋遢，但还是很愿意帮助李霞做家务的，不管什么时候，只要李霞给他安排了家务活儿，他就会义无反顾地努力去干。张明有点儿不够阳刚，不过，他没有大男子主义，不管什么事情都和李霞商量，但是，李霞却总是指责张明没有男子汉气概。然而，与此同时，李霞又很希望张明能够对她言听计从。就这样，结婚第一年很快就过去了，他们之间丝毫没有甜蜜，只有三天一小吵五天一大吵的喧闹。因为李霞的唠叨和苛求，张明无比怀念结婚之前一个人自由自在、无拘无束的生活，甚至想要和李霞离婚。

与此同时，和张明同一年结婚的范新强却生活得无比幸福，对婚姻生活充满了美好的憧憬。张明百思不得其解，同样都是生活，为什么差别就这么大呢？为此，张明几次去范新强家中吃饭、聊天，想要发掘他们夫妻和睦相处的秘诀。原来，范新强的妻子宋萌是一个非常好的女人。至少当着张明的面时，宋萌简直就是贤妻良母。不管张明和范新强喝茶聊天到多晚，宋萌都毫无怨言，而且，总是在一边茶水伺候着。这使张明无限羡慕范新强，而范新强则是一副无比享受的样子。在言谈举止之间，张明意识到范新强在宋萌眼中简直就是一个完美无瑕的人。她张口闭口都在夸自己的老公，似乎自己找到了一个天底下最好的老公。张明问宋萌：“范新强夜里睡觉总是磨牙，影响你吗？”宋萌开心地一笑，说：“哈哈，刚开始的时候确实很不习惯，但是现在假如没有磨牙的声音，我还睡不着了呢！”张明知道范新强有的时候爱抽烟，不过，宋

萌却对此不以为然，说：“男人嘛，多多少少都有点儿小嗜好。不过，抽烟对身体不好，所以我给他买了戒烟糖，这样能够少抽一些。”张明偷偷地对范新强说：“你这些臭毛病假如从我老婆嘴巴里说出来，那简直是不能忍受的！但是，我觉得你老婆好像对此不以为然。她真的从来没有说过你吗？”范新强非常骄傲地告诉张明：“从来没有！不过，奇怪的是，我这些臭毛病已经改得差不多了！假如你老婆也是这么天天地表扬你，即使是缺点，也从中给你发掘出一些优点来，那么你也不会好意思不改的！”

原来，婚姻相处的秘诀是欣赏对方，即使是对方的缺点。只有这样，对方才会心甘情愿地改变自己，就像范新强和宋萌一样。与此相反，假如一方总是唠叨对方的缺点，那么就很容易使对方感到厌烦，甚至产生逆反心理，就像张明和李霞的婚姻生活一样。实际上，不仅仅是在婚姻生活中，即使是在普通的人际交往的过程中，或者是在与陌生人的交往过程中，我们也应该尽量多多欣赏对方的优点，而不要总是挑剔对方。只有做到这一点，人际关系才会变得更加和谐融洽。

第 5 章

严于律己，宽以待人：感谢折磨你的人

王尔德说：“世上只有一件事比遭人折磨还要糟糕，那就是从来不曾被人折磨过。”没有经历过折磨的雄鹰永远不能高飞；没有被上司折磨过的员工永远不能提高能力。当有一天你成功了，第一个要感谢的就是曾经折磨过你的人，因为他们使你更勇敢、坚强和自信。

敌人是面镜子，照出你的胸襟与气魄

“天行健，君子以自强不息；地势坤，君子以厚德载物。”我们要有大地般兼容一切生物的情怀，要有蓝天般浩瀚宽阔的心胸。一个胸襟宽广、气魄宏大的人，必定有着非凡的品质，他善于以人为镜，即使是自己的敌人，也能以兼容并包的心包容他，显现自己的胸襟，成就自己的品质。

世上最难为的事莫过于以德报怨，不记恨别人，反而在别人需要帮助时给予恩惠。在包容之人的心中，似乎不存在“敌人”一词，因为这个词语是自己内心的“假想物”，只要心中无仇无怨，就能做到包容敌人！

敌人是面镜子，可以照出我们的胸襟与气魄。真正的包容，包括包容我们的“敌人”，因为我们的“敌人”才是促使我们不断前进、不敢懈怠的真正“朋友”，只有我们的“敌人”才可以让我们更清楚地认识自己！在这个世界上，只要我们的心足够大，只要你站得足够高，你就没有真正的“敌人”，只有你的一面面的“镜子”！

倘若我们心中“有敌”，便会苛刻对敌，处处与之作对，打压对方，恨不得除之而后快，这是心胸狭隘的表现；而倘若我们心中无敌，自然就能包容敌人，把敌人当朋友，成为一个胸襟宽广、气魄宏大的人！这就是镜子的照射作用！一个人的包容心有多大，他的心胸和气魄就有多大，他的世界就有多大！

唐朝有个大将，叫郭子仪，在为保护大唐安全上起过至关重要的作用。他平定了安史之乱，并且在外族入侵时屡立奇功。人红必遭人嫉，太监鱼朝恩是皇帝身边的大红人，想方设法地要置他于死地。郭子仪率兵在外征战，辛苦万分，可是鱼朝恩竟暗地里派人挖毁了郭子仪父亲的墓穴，抛骨扬灰。当郭子仪得胜归来，朝中大臣无不以为会掀起一场争斗，不料当代宗皇帝忐忑不安地提及此事时，郭子仪伏地大哭，说：“臣将兵日久，不能禁阻军士们残人之墓，今日他人挖先臣之墓，这是天谴，不是人患。”按常人的思维，这是辱灭祖宗的事，本来郭子仪可借此大闹一番，可是家仇的烈焰竟被他包容的泪水熄灭了。

随着郭子仪屡获战绩，在朝中日益得到皇帝的信任，鱼朝恩因为和郭子仪有过节，害怕得势的郭子仪会报复自己。于是，他想先下手为强，就在家中摆下“鸿门宴”，然后请郭子仪赴宴。鱼朝恩的险恶用心连郭子仪的下属都看得一清二楚，他们极力劝阻郭子仪不要去。而郭子仪淡淡一笑，不以为然，居然答应了鱼朝恩的“邀请”，而且轻装便从，只带了几个家丁，鱼朝恩见了惊讶不已，在得知实情后，这样一个大奸臣居然号啕大哭。从那以后，他处处维护郭子仪，再不与郭子仪为敌了。

郭子仪面对敌人几次三番的打击和陷害，反而包容他，一代奸臣就这样被他的胸襟和气魄感动了。他以包容消灭了一个敌人，为自己增加了一个支持者。

一个能包容敌人的人，往往具备成大器的胸怀，也就是大肚能容的胸怀，这种品质让他在事业上所向披靡，因为他用人格征服了所有人。

世界首富比尔·盖茨的经商之道中，有一点就是包容商场上的劲敌。这与盖茨小时候的一次经历有很大的关系：

他因为个头矮小，天生瘦弱，经常被同学欺负。一天下课后，大家急着下楼集合，拥挤之中，他被一个同学推倒，从楼梯上滚下摔伤。

于是，盖茨在家休养一周。因为那个同学令盖茨摔伤，所以盖茨对那个同学非常愤恨，即使同学的父母带他来道歉，盖茨也依然没能原谅他，认为那同学是故意的，因为对方平时就常常嘲笑他长得又小又黑，并且欺负他，盖茨为这事耿耿于怀。

这一天，看到儿子闷闷不乐的模样，父亲知道儿子不开心的原因，看到躺在床上的小盖茨，他转身从自己的卧室拿出一颗闪闪发亮的珍珠递给他说：“孩子！这是你祖母遗留的纪念品，本来想等你长大点再拿给你，但如今我拿出来，是要告诉你，你是爸爸的掌上明珠，是爸爸最美的珍珠，你一点儿也不丑！”小盖茨握着珍珠，很感动，扑进了爸爸的怀里。接着，爸爸问小盖茨：“珍珠很美丽，但你知道珍珠是怎么来的吗？”小盖茨摇摇头。爸爸继续说：“是从海里的蚌中取出的。因为有沙粒进入，尖锐的沙粒刺伤了柔嫩的蚌肉，但蚌并没有因此死亡，反而分泌出一种汁液，不断地包裹在沙粒上；最终，这毫无价值的沙粒，就在这蚌肉的包裹变化之中，成为美丽高贵的珍珠。”

然后，爸爸告诉小盖茨：“用爱去包容伤害我们的人，把敌人变成朋友，那么我们就是能够产出美丽珍珠的人！”

盖茨谨记爸爸的教诲，长大后依然用一颗包容的心去面对身边的人，包括商场上的对手，他最终成为全球首富。

盖茨成功的关键，不仅在于他过人的智慧，还在于他有宽广的胸怀，他包容了自己的敌人，最终成为能产出珍珠的人。

敌人是促进我们改变和进取不竭的动力，因为有了敌人的存在，我们的潜力被激发出来；因为敌人的存在，我们不得不努力奋进，超越自己！所以，我们要包容敌人，包容敌人是一种难得的气度。敌人是一面镜子，你是否具有包容之心，全都透过镜子展示出来，包容了我们的敌人，你的形象会更加高大。

竞争让你快速成长

假如你是一只鹰，翱翔在蓝天，达到一个其他飞禽类无法达到的高度时，你可能就会因为没有竞争的对手而倍感孤独，会因为掉以轻心而从天上摔到地上；假如你是巍峨的高山，没有了众山的排挤，你俯视那些败在你手中的小山时，看不到高度，你还会养育出郁郁葱葱的一片绿吗？

没有了对手，就是一种悲哀，就会让我们停止学习和成长，有记者曾问奥运金牌得主刘易斯：“你是世界上跑得最快的人，你没有竞争的目标怎么办？”刘易斯答：“我下一步该做的是粉碎自己。”可见，拥有对手才会让一个人不断学习，不断磨炼自己。没有对手只会让一个人毁灭。既然对手给我们带来动力，那么，我们为何还要视对手为仇敌呢？我们应该包容对手，只有与对手竞争，才能成为强手。

包容对手吧，是对手让我们变得更强。韩信当年忍受胯下之辱，衣锦还乡后将当年侮辱他的人封为护军卫，放在自己身边重用。康熙在千叟宴上感谢葛尔丹，感谢鳌拜，感谢郑经和吴三桂，他说："没有你们，就没有朕，朕敬你们，朕的敌人。"

在草原上，牧民所驯养的羊经常被狼吃掉。基于这种情况，牧民想尽办法，绞尽脑汁地把草原上的狼除掉了，原以为可以安心地过日子，可是羊群却变得老弱病残。相反，一些野生羚羊或鹿为了逃难，长期奔跑，不仅使它们拥有了强健的身体，也躲避了狼的捕杀。

显然，有无对手带来的结果是截然不同的。生活中我们又何尝不是如此？很多情况下，我们真的是把对手看成敌人的。我们站在荣誉的讲台上，奚落者对手的失败；我们在对手的失败里品味成功的欢乐，我们让对手吞下屈辱的泪水。

我们应该做到包容，包容对手，我们甚至应该感谢对手。因为对手让我们不断激励自己进步，是他们的存在才使我们日渐强大。对手使我们有高昂的斗志及战胜一切的信心，让我们不断成长，让我们成为强手。

包容我们的对手吧，我们要正视对手的存在，天才军事家拿破仑就是一个因为对手强大起来的人。

拿破仑出身贫苦，从小在贫民区中长大，却也长得仪表堂堂，英俊不凡。他年少参军，在战场上奋勇杀敌，立功无数，最后成为一名将军。那时的拿破仑没有对手，因为他不曾输过。

没有对手的人是失败的。拿破仑日渐骄傲，自以为天下无敌，对军队也不像以前那样关心和训练了。终于有一天，他输了，输得很惨，几万士卒无一幸存。拿破仑奋力拼杀终于冲出重围。

拿破仑只身一人走在河畔，曾经的往事划过脑海，禁不住摇摇头，转身跳入河中……他没有死，约瑟芬救了他。

活过来的拿破仑似乎明白了一切，他重新有了生的渴望，有了对胜利的追求，“我要战胜他。拿破仑自言自语，“我要打败这个对手，这个让我一无所有的对手。”

拿破仑东山再起，怀着战胜对手的信念，一步步地建立着自己的帝国——法兰西第三帝国。

对手让拿破仑重生，对手让拿破仑日渐强大，也可以说，是对手让拿破仑建立了法兰西帝国。

其实，生活中，我们身边也都有对手，妨碍你成功的人总是存在。我们要包容这些人，因为这些人的存在，我们的人生才有了价值。对手就犹如一面铜镜，能照出你自己的特征，也能激励你去不断学习，不断发展。

也许你会说，没有他们，没有对手，我就已经是一个胜者。其实，你错了，正因为他们的存在，才让你变得比过去强，为了超过他们，你付出了更多的努力与汗水。也许你不曾成功，但你已经比以前强大了许多，在为了战胜对手的拼搏中，在必须战胜对手的信念下，你变得比过去更加努力，因为你有追赶的目标。我们能从对手那里学到很多，我们能够丰富见识，磨炼意志，并让自己在不知不觉与潜移默化中得到精神的洗礼，受到人格的熏陶。因为，真正意义上的对手间的比拼，绝不是无耻之徒间的暗中算计，而是似青梅煮酒和华山论剑一样光明正大的较量，在切磋才学中相互提升对方的品行修养。

因此，我们不要把对手看成敌人，而应该包容对手，因为有对手的存在，我们有了前进的力量。当我们战胜对手时，伸出友好的手，给对方一个鼓励；当我们被对手打败的时候，不要对别人的成功不屑一顾，真心地赞美别人。对手不是敌人，而是朋友！

给他人留余地，便是给自己留“生路”

人活于世，短短数十载，有的人活得精彩，活得有价值；而有的人活得庸庸碌碌，生命没有色彩。真正活出人生的人拥有不凡的品质，则其中一种品质就是包容，因为他们知道，包容别人就是给自己留条“生路”，包容别人就是成就自己。

我们每个人从年幼无知开始，就被教育要宽于待人，严于律己，这也是儒家的包容之道。那究竟什么是包容呢？包容一词的意思是，允许别人有行动和判断的自由，对不同于自己或被普遍接受的方针或观点持有耐心而不带偏见的容忍。通俗一点说，包容就是原谅，饶恕，不予以计较追究。

马克吐温说："紫罗兰把它的香气留在那踩扁了它的脚踝上。这就是宽恕。"这句话的意思是，我的一只脚踩碎了紫罗兰，它没有留下丝毫的怨言，而我的脚底却留下了一路芬芳。这就是一种包容，一路芬芳伴我们一路幸福，这是包容的回报。

包容是一种大度，是一种高尚的美德。"一笑泯恩仇"，忘却别人的过失，以包容的心态对人，包容了别人，就给自己留了"生路"。包容是一种利人利己、有益社会的良性循环，此刻的包容换来的是他日的帮助，此刻的包容会让他人为你的气度折服，为你让开一条宽敞的人生之路。

可是，生活中往往还是有一种人，这种人总是死死地抓住别人的缺点和过错，凡事斤斤计较，凡事都为一己之私，其实，他们这是自己葬送了自己的"生路"。这就是"机关算尽，反误了卿卿性命"，我们不要对人过于苛刻，这样才可以为自己留条路。

在一座山上，住着一群动物。一天，狼发现山脚下有个洞，各种动物由此通过。狼非常高兴，它想，守住山洞就可以从来往过路的动物那里收取"过路费"了。

第一天，来了一只羊，狼一想，今天可以美美地饱餐一顿了，于是，它追上前去，羊拼命地逃。突然，羊找到一个可以逃生的小偏洞，从小洞仓皇逃窜。眼看到嘴的食物就这样逃了，狼气急败坏地堵上这个小洞，心想，这是万无一失的方法，以后再也不会功败垂成了。

第二天，来了一只兔子，狼想，这是再好不过的晚餐了。想起兔肉的美味，狼奋力追捕，结果，兔子从洞中侧面的更小一点的洞口逃生。于是，狼把类似大小的洞全堵上。狼心想，这下万无一失了，别说羊，连与兔子大小接近的狐狸、鸡、鸭等小动物也都跑不了了。

第三天，来了一只松鼠，狼飞奔过去，追得松鼠上蹿下跳。最终，松鼠从洞顶上的一个通道跑掉。狼非常气愤，于是，它堵塞了山洞里所有的窟窿，把整个山洞堵得水泄不通。狼对自己的措施非常得意。

第四天，来了一只老虎。狼吓坏了，拔腿就跑。老虎穷追不舍。狼在山洞里跑来跑去，由于没有出口，无法逃脱，最终被老虎吃掉。这就是始终对别的动物赶尽杀绝、最终没料到自己也会被赶尽杀绝的狼的后果。

狼的遭遇，不禁让我们思考：它对别人处处不留余地，结果把自己送上了断头台。生活中，我们经常为了一点利益和别人争来斗去，当我们打败了对方以后，还害怕对方会东山再起，于是，我们尽力打压对方，誓将别人置于死地。而从另一种情况看，还有一种人，被他人伤害了，当有一日他可以“报仇”的时候，他使出浑身解数让自己泄愤。其实，我们何必将人赶尽杀绝？何不尝试着包容？别人伤害了你，为何不能放下恩仇，冤冤相报何时了？其实，堵住别人生路意味着断自己的退路。当你对人赶尽杀绝的时候，你就是给自己埋下了一个不定时炸弹，他日别人也会对你赶尽杀绝，这就是一种恶性循环。

确实，我们每一个人在处世时，都要学会包容别人，为别人留有余地，为别人，其实也是为自己，这样，我们终会有所收获。当我们包容了别人的时候，就是给自己种下了善果，你的包容会让对方感受到你的大度，这是一种可以“传染”的情绪和品质，你的包容会感染对方，即使是个十恶不赦的人，也会被感化。

一天，一位老禅师正在禅堂的蒲团上打坐，一个强盗突然闯出来，把又明又亮的刀子对着他的脊背，说：“把柜里的钱全部拿出来！不然，就要你的老命！”“钱在抽屉里，柜里没钱。”老禅师说，“你自己拿去，但要留点，米已经吃光，不留点，明天我要挨饿呢！”

那个强盗拿走了所有的钱，在临出门的时候，老禅师说：“收到人家的东西，应该说声谢谢啊！”“谢谢。”强盗说。他转回身，心里十分慌乱，这种从来没有遇到的现象使他失去了意识，他愣了一下，才想起不该把全部的钱拿走，于是，他掏出一把钱放回抽屉。

后来，这个强盗被官府捉住。根据他的供词，差役把他押到七里禅师的寺庙去见老禅师。

差役问道：“多日以前，这个强盗来这里抢过钱吗？”“他没有抢我的钱，是我给他的。”老禅师说，“他临走时也说声谢谢了，就这样。”这个强盗被老禅师的包容感动了，只见他咬紧嘴唇，泪流满面，一声不响地跟着差役走了。这个人在服刑期满之后，便立刻去叩见老禅师，求禅师收他为弟子，老禅师不答应。这个人长跪三日，老禅师终于收留了他。

老禅师是一个智者，面对强盗的抢劫，他用一颗包容的心包容了他，结果让自己保全了性命，而且换回来强盗的觉醒。试想，如果老禅师没有包容强盗的罪行，那么又会怎么样呢？兴许就是强盗的杀戮和罪孽的加深。

生活中，我们不会碰到这样的“强盗”，可是无形的“强盗”却如影随形地跟着我们。假如我们能够包容待人，那么“强盗”就会自动离开我们，我们自然不会被“强盗”伤害，也就给自己留了一条“生路”。

包容他人也是善待自己

人性中有很多美好的品质是双面花，对施者和被施者都有益处。拿包容来说，包容别人的同时也就是救赎了自己。放下别人的错，我们的心灵也就放下了不安和折磨。

包容是一杯香醇的葡萄酒，品尝后，你会到达一方无与伦比的美丽天堂，没有污秽，没有嘈杂，没有邪恶，没有战争，有的只是心灵的顿悟和洗涤，有的只是人性的美好和善良，你会感受到真正的乐趣；包容是一朵绽放的花蕾，欣赏后，你会感觉心灵受到真善美的陶冶。包容是一剂良好的丹药，服用后，能够使你多年的顽疾——不安得到彻底的治愈，它让你看到生存、生活的希望，它会让你的处世方式发生彻头彻尾的改变，让你的人性得到净化，人格得到升华。

或许，我们曾经被伤害过，或许你认为你受的创伤无法愈合，可是你想过没有，过去伤害的你是他，但是你若用这过去来折磨自己，那现在伤害你的就是你自己，这就是悲伤的重演了。

其次，伤害已经造成了，你耿耿于怀、记挂着也于事无补，不如包容别人。你让自己释怀了，也就是救赎了自己的心，赎回了那颗淳朴、善良的心。

小菊和刘悦是同村的两个女孩，小菊比刘悦小很多，按村里的排辈顺序，小菊要喊刘悦为姐姐。小时候，她们俩的关系很好，后来刘悦读了书进了城，小菊最佩服的人也就是聪明的刘悦姐姐。

后来，刘悦毕业了，就留在了城里找了工作，而这时的小菊还是个黄毛丫头，刘悦每次回乡，都很是风光。这让小菊很羡慕。她多么希望将来的自己能与姐姐一样，在城里把皮肤养得白白细细的，穿着漂亮的裙子，穿过全村人羡慕的目光。

而这一天终于来了，刘悦因工作忙，无暇照料女儿，便回乡寻一位保姆，正逢小菊高考落榜，便寻到小菊家，虽然父母怕她出去受苦，却没拗过她，只好许了。

小菊执意要去，这或许是走出大山的唯一机会吧，她怎么会轻易放弃？终日在大山深处的小菊惊讶于城市的繁华，城里果然是与乡下不同的繁华景象。虽说小菊每天可以和城里人一样生活了，可是，小菊并不快乐。这不快乐就来自于刘悦。她不怕每天辛苦地带孩子做家务，她最怕的是刘悦用高高在上的语气说话，更怕她每天晚上回来后抱着孩子左右打量，好像趁他们不在家的时候自己狠狠虐待了他们的孩子或是偷吃了孩子的零食似的。

为此，小菊偷偷地哭过，她没想到当初自己尊敬的姐姐会对自己这样，她也想过离开。可是，当她提出离开时，刘悦便好话说尽地挽留她，因为她的孩子不能没有人照顾。

她很心软，便继续留了下来。可是刘悦还是对小菊不放心，小菊在打扫房间的时候不经意间发现，刘悦悄悄在家装了摄像头，监视她的一举一动。小菊也是个精明的女孩，因为心里无愧，她佯装不知，做着自己该做的事。她不在乎这些，只希望等孩子上幼儿园之后，刘悦能帮她在这人生地不熟的城市里寻一份工作。

可是，往往事与愿违。等孩子上了幼儿园，刘悦却扔给她一张车票，要她回乡下，她胆怯地问刘悦，可不可以帮她寻一份工作，被刘悦以她没那么大能力为由给拒绝了。

在将走的前一天，小菊在街上溜达，恰巧遇到有家超市招聘，她抱着试试看的心情进去了，没想到居然被录用了，她欢天喜地地跑回家去，告诉了刘悦。

刘悦阴着脸听完，什么都没说，只说了她的公婆年纪大了，要搬来和自己一起住，小菊自然知道这话的意思，便开始了一边打工一边四处寻找便宜房子的生活。凭着自己的努力，她在这个城市生活得越来越好。可是，她回乡的时候，却听到有人说自己在城市生存下来是因为走的不是正道，而打听之后才发现，这些都是刘悦散布的谣言。

后来，小菊也结婚了，和丈夫开了一家公司，日子蒸蒸日上。某天，她突然接到刘悦姐姐的电话，才知，因为单位效益不好，她被裁员了，日子窘迫得要命。她让丈夫帮那位姐姐找了份工作。

等后来，她再回乡下，就有人纳闷，既然刘悦曾对她如此凉薄，她又何必帮她？她则笑了笑。

这是典型的以德报怨，小菊没有让自己和刘悦之间的恩怨成为自己心灵空间中的“毒瘤”，而是包容了刘悦当初的做法，成就了自己美好的品质如果她让自己的心被这恩怨的毒瘤占据着，那么只会让自己困在不安的围城中无法自拔。

我们只有学会包容别人，才能救赎自己。人生好比是棵记忆的大树，它就扎根在我们心里，每一场人生际遇都会挂在树上，那些伤害是挂在记忆树梢上的毒果子，而那些美好是挂在记忆树梢上的鲜花。我们是选择鲜花还是毒果，就在你的取舍之间。选择挂满毒果，伤害的不是别人，而是你自己。

“予人玫瑰，手有余香”，同理，给了别人宽恕，也是救赎了自己。活在仇恨怨尤中的人，永远看不见阳光的温柔，也感觉不到春风的和暖。想要救赎自己，找回感受生活的美好的心，我们就得宽恕别人！

不在屈敌之兵，而在化敌为友

生活中，人与人之间存在竞争，为了一个职称，争得头破血流；为了一点蝇头小利，争得不可开交。我们把这种对手看成敌人，然后事事相争，处处打压，为的是“消灭敌人”。那你有没有想过化敌为友呢？包容一点，化敌为友，不就不存在你死我活的争斗了吗？

包容是一种美德，包容更是一种处世智慧，智者是包容的，智者明白，凡事不在屈敌之兵，而在化敌为友。中国有句古话“和为贵”，和谐安定的人际关系是一个人立于世的前提，处处树敌的人会被社会淘汰，也没有真正的友谊，更没有幸福可言。

假如我们能包容别人，包容我们的敌人，你的这种大度也会感化他，他会被你的这种高尚情操深深打动，你们之间就会友好相处，就不存在所谓的“敌人”了，和谐的关系会让你们化敌为友。而只要你走出第一步，包容对方，主动表达你的诚意，深仇大恨也烟消云散了。

小斌和小李在同一家广告公司上班，两人年龄相当，本应是朋友，但是他们是一对死对头。

他们在当初进公司时，就结下了仇怨。在一群竞争者中，他们是最后剩下的两名优秀者，也就是说公司要从他们中间选一个出来。在经历了你死我活的拼斗以后，公司领导却突发奇想，聘用了他们两个。虽然两人都幸运地留下来了，可是也产生了仇恨。

平时，他们谁也不找谁说话，连名字也不叫，甚至互相在对方背后说坏话。因为实力相当，领导层对他们的重视程度是差不多的，这更加重了他们之间的竞争之心，彼此都希望对方从公司消失。

这些事领导也都知道，也在中间说过好话，可是完全没有起到效果。但有件事情，却使两人的关系彻底改变了。

一次，公司组织去爬山，这是很难得的郊游，因此所有人都去了。来到山上，当同事们都停下说要找个地方休息时，小斌说想自己散散步。因为最近和女朋友吵架了，心里闷得很，所以他就抄小道准备往安静的地方走。小李猜想，小斌不知道又在玩什么花样，于是尾随在他身后，看看他究竟做什么。

他听见了小斌和女朋友在打电话，大抵意思是不要离开他。小李心想：没想到这小子还如此痴情，真是看不出来啊。一时间，小李居然对他产生了同情。

突然，小斌不小心从小道上滑下去，有掉下山坡之势，刚好被一棵矮松挂住了。可是，矮松毕竟承受不了一个大男人的重量，似乎支撑不住了。小斌这时候是叫天天不应，因为离同事们的玩处很远，小李这时候想都没想，一个箭步跑上去抓住了小斌的胳膊，将他拉了上来。小斌得救了。

被拉上来的小斌一把将小李抱住，说："平时我以为最恨我的人是你，最想我死的人是你，可是到关键时刻，还是你救了我。我对不住你。"说完这些，他居然哭了。

小李说："过去的就让它过去吧，以后我们就是好兄弟了，我也有不对的地方。"

小斌很感激小李的救命之恩，从那以后，工作上的什么事，他们俩都互相帮助，公司同事还都蒙在鼓里，不过却十分高兴。

小李和小斌这两个"死对头"处处相争，可是在小斌有生命危险的时候，小李却包容了他平时的过错，将他救起，这二人也成了最好的朋友。假如小李眼睁睁看着小斌掉下去，他固然失去了一个敌人，可是他良心何安，他恐怕一辈子要被那见死不救的场面折磨。这就是不在屈敌之兵，而在化敌为友的道理。多一个朋友远比多一个敌人好。

包容是衡量一个人素质的标准之一，包容的人才是拥有大智慧的人，多一个朋友比多一个敌人要美好很多。其实，仇恨很多时候是我们自己心中内定的产物，根本没有真正的仇恨，因为，只要我们包容一点，忘记别人的过错和对你的伤害，何来仇恨？走出包容的第一步，不仅能"不战而屈人之兵"，不伤及对方，还能"化敌为友"，这种友谊来之不易，更会让我们加倍珍惜，让我们感受到这种友谊的伟大！

用对手的价值体现自己的价值

有一句话说，看一个人的实力，要看他的对手。的确，在事业上，对手就像是我们的一面镜子，通过看对方，我们可以把自己看得更加清楚。而别人通过看我们的对手，也会对我们的能力略知一二。有什么样的能力，就会引来什么样的对手。能力比我们强的不屑于跟我们争，能力比我们弱的争不过我们，只有那些和我们实力相当的，才会放手和我们一搏，才是我们真正的对手。所以，体现自己的价值有时候不一定要亲力亲为，要学会利用对手来体现自己的价值。

董红波是一名中学体育老师。由于从小就酷爱打乒乓球，又曾得到一名退役的乒乓球运动员的指点，多年来他获奖无数，几乎没有遇到过真正的对手。近几年，董红波更是一直稳坐市乒乓球项目的冠军宝座，没有人能撼动他的位置。

市乒协更是有个不成文的规定，董红波不用参加初赛，复赛，只参加最终前三名的选拔就可以了。其他选手也纷纷以跟董红波交过手为傲，因为凡是跟他交过手的，基本上就是前几名，可以说都是高手中的高手，也相当厉害。

为了夺得市乒乓球项目的冠军，许多选手都把打败董红波作为自己奋斗的目标。在这个地方，董红波就像一个神话，如果能打败董红波，不用你跟别人说，别人就会知道你的实力到底有多强。因为人们都听说过董红波的大名，更知道他就是传说中的“东方不败”。每次，只要他拍子轻轻那么一挥，别人就会输得心服口服。

董红波也明白，很多选手实力其实也非常强，如果没有自己，肯定会是冠军。但没办法，自己始终强了那么一点点，于是别人只能屈居第二、第三。

在这些选手中有一个个子不高的青年非常引人注目。董红波听别人说，他是一名餐馆的服务员，叫王子阳，家境不是很好，父母都没有工作，靠做一些小生意维持生计。王子阳上学的时候，成绩非常好，却因为家里经济条件不好不得不辍学，打工养活自己。

王子阳几乎每年都来参加比赛，而且每次都能挤进前三名，董红波有时候真想给王子阳一个机会，让他赢了自己，这样他就再也不用为生活发愁了。可是他又不能那样做，因为那样做有违比赛公平、公正的原则。

怎样才能既帮了王子阳的忙，又不违反比赛的规定呢？董红波想来想去，想到了一个两全其美的好办法——收王子阳做徒弟。这样，王子阳赢了是青出于蓝胜于蓝，可以名声大震；而王子阳输了，是徒弟不如师父，别人也不会多说什么。最重要的是，从此以后，王子阳就可以名正言顺地当上市乒乓球队的运动员了。

由于董红波的帮忙，王子阳借用对手的名气，顺利地进了市乒乓球队。

故事中的董红波由于从小就打乒乓球，又得到了高人的指点，多年来一直没有遇到真正的对手。但一位叫王子阳的年轻服务员引起了他的注意。后来他了解到王子阳的家世，出于同情，他决定帮王子阳一把，让王子阳借着他的名气进市乒乓球队，最后王子阳如愿以偿地实现了自己的理想。这就是典型的利用对手体现自己的价值，达到自己的目的。在生活中的确就是这样的，有些时候，我们不必费尽心力地去打败很多人，只要打败别人都想打败的那个人，我们就是最终的胜利者。那么，我们该如何利用对手体现自己的价值呢？

1.学会尊重对手

尊重对手，其实就是尊重我们自己，也相当于告诉其他人，我们的人品很好，值得信赖。因为能做到真正地尊重对手的人并不多，好多人都把对手当成敌人，必要除之而后快。他们跟一般人可能还会讲究方式手段，而对对手则是不择手段，无所不用其极，他们忘了，这样做，就算对手最后嘴上认输了，也不代表心里一定服他们。

2.要向对手学习

别人既然能跟我们平起平坐，平分秋色，必然有过人之处。所以，除了充分地尊重对手，把对手当成朋友一样看待，我们还要学习对手的优点和长处，取长补短，把自己变得更强大，更有实力，这样，我们才不会在不知不觉中落后于对方，而且有便于我们引来更具实力的其他对手。

3.争取超越对手

竞争中，不是我们超过对手，就是对手有一天超过我们。两条平行线不会一直平行下去。我们想超过对方，对方肯定也想超越我们。人的心理都是一样的，除非你的对手不求上进，容易满足，觉得有你这样的对手已经很不错了，不想再往前走了。如果是这样，我们更要超越他，因为他已经不配做我们的对手了。

4.最后超越自己

最大的对手其实是我们自己。只要我们战胜了自己身上的弱点，把缺点和错误统统改正，让自己变得越来越讨人喜欢，越来越受人欢迎，那么就没有办不成的事。所以，在向别人学习，超过别人的同时，我们还要克服自己的各种不良习惯，使自己变得越来越完美，只有这样，我们才会变得更有价值，而我们的对手也会以我们为傲。

角逐的过程往往比结果更重要

对于一个真正的成功者来说，最后的胜利属于谁并不重要。因为在他看来，人生不仅仅是一场比赛，还有许多比比赛更重要、更值得他去关注、去做的事。常胜将军还有马失前蹄吃败仗的时候，所以暂时的成功或者失败根本说明不了什么。我们胜出了，并不代表我们就一定比别人强；而别人赢了，也并不能说明我们就一定不如他们。只有那些对自己信心不足的人，才想要通过和别人比赛来证明自己。真正做大事的人，他们从不和别人比，因此输赢对他们来说并不是很重要。他们认为，最大的敌人往往不是别人，而是自己。

李子悦和纪元年分别代表各自的公司去参加市里举办的“百科知识竞赛”。在竞赛现场，两个人的表现都非常出色。李子悦可谓上知天文，下知地理；而纪元年的逻辑思维能力非常强，理科类的题目几乎难不倒他，他总是能在最短的时间内作出最正确的判断。

所以，几轮下来以后，李子悦和纪元年的成绩一直在伯仲之间，胜负难分。通过之前的较量，李子悦心里其实挺佩服纪元年的，觉得他年纪轻轻思维就如此缜密，而且反应非常快，自己是没法跟他比的。而且李子悦看得出来，纪元年对他好像也并不反感，因为他看自己的眼神一直是友善的。

而这边纪元年同样也在想，这个李子悦看起来文文弱弱的，像个白面书生，不堪一击，没想到嘴巴还挺厉害的，就连评委都被他说得一愣一愣的。而且李子悦就仿佛是一本活字典，有些自己以前听都没听过的典故，李子悦居然都能说出个一二三来。长这么大，自己还是第一次碰到这样强有力的对手，实话实话，若单比文科，他肯定比不过李子悦。

比赛非常激烈，100多位选手，很快就剩下了不到10名，而李子悦和纪元年的成绩则一直遥遥领先。快到中午的时候，李子悦和纪元年分别淘汰了各自小组的其他对手，最后两个人终于面对面地站到了一起。

说实话，李子悦和纪元年心里其实都没有必胜的把握，但既然必须要面对，就要全力以赴。前面的几个题两个人都答对了，到了最后一个题目，主持人问李子悦和纪元年："在人与人交往中，礼貌称呼是很重要的，它有'尊称、谦称、雅称、婉称'等书面语，下面属于他人母亲雅称的是（ ）A.椿萱 B.萱堂 C.泰山、泰水 D.巾帼。"

李子悦从小饱读诗书，这种常识显然难不倒他，主持人话音刚落，他就说出了正确答案。全场立刻沸腾了，特别是李子悦单位的同事，简直比自己得了奖还要高兴。

接过主持人手中的奖杯，李子悦幽默地说："其实，今天得到这个奖真的非常幸运，大家都看出来了，在理科上我不如纪元年，而文科比他稍好一些，所以我算是捡了个便宜。大家千万不要以为我比纪元年厉害，其实我还真算不过他，原以为我是第二，没想到算错了成了第一。"

所有人都哈哈大笑，就连纪元年也笑着对他说："就是，最后的胜利属于谁并不重要，只不过这次你运气比我好。"

故事中的李子悦和纪元年分别代表各自的公司参加市里的百科知识竞赛，两个人一个属文，一个属理，都非常厉害。100多位选手，最后站在台上的就剩下他们两位，比赛非常激烈，也非常残酷。刚开始两个人一直没分出胜负，到最后一题，李子悦说出了正确答案，成了最后的胜利者。李子悦并没有因此就认为自己比纪元年强，只是觉得自己幸运一些罢了；而纪元年也是同样的想法。可见，最后的胜利属于谁，有时候真的并不重要，因为：

1.成功和失败只是暂时的

成功和失败只在当时来说是头等大事，非常重要，而事后只会被当作回忆。况且好多比赛或者竞赛对我们来说只是生活的一部分，这次偶然成功了，并不代表我们下一次一定也会成功；而这次失败了，也不能说明我们就一定不如对方。影响成功和失败的因素很多，对结果一定要客观对待，不要太当回事。

2.还有比比赛更重要的事

比赛输了不要紧，我们千万不能把自己的人也输了。有些人，遇到比如上述情况，很可能会说是主持人暗箱操作，故意让别人赢自己输。我们这样说，不但会引起别人的反感，还会让人觉得我们输不起。成败只是暂时的，愿赌服输，我们才能进步。一定要记得，还有比比赛更重要的事，那就是做人。

3.把机会留给更需要的人

我们在这个领域已经多次获奖，而且别人都已经知道了，这个时候，我们要学会功成身退，把机会留给那些更需要的年轻人，让他们也有成名成才的一天。要知道，这个时候，得不得奖对我们来说，已经没有多大意义了，而对一个急需证明自己，急需获得别人认可的年轻人来说，那是非常重要的。

4.最大的对手其实是自己

跟别人比，的确能让我们知道差距在哪里，但是，当别人远远不是我们的对手时，这样的参考也就失去了价值。没有对手是孤独的，因为我们会迷失了自己的方向，不知道自己的位置在什么地方；但我们更要记住，其实，我们最大的对手是自己，只要我们战胜了自己，就没有做不到的事情。

第6章

包容是一种放下的智慧：换位思考清浊并容

换位思考，是一种理解，更是使得人与人之间相互包容的基础。多为别人想一想，我们能感受到对方寄人篱下的感伤，处于困境时的苦闷，奋起搏击时的勇敢，力挽狂澜后的喜悦。多一分包容，就多一分理解，就会在遇到问题时多站在别人的角度看问题，设身处地地为别人着想。人与人之间存在各种各样的差异，我们不要苛求别人，不要总是希望别人按照我们的思路去行事，而要包容别人，多从别人角度考虑问题，做到求同存异，如海纳百川一样具有宽阔的胸怀，这样才能收纳无限的风景！

站在对方的角度看问题

理解一词，通俗的会意，就是要从对方的角度考虑问题，就是用自己的体会来感受到对方所处的环境和想法。理解别人是包容别人的表现，当我们理解了别人，就能明白别人为何冒犯了你，为何犯下了错误。理解是座舒心桥，架起了人际之间互相包容的桥梁。

生活中，我们经常因为别人冒犯了我们而怨恨别人，可能会因此争论不断，甚至因此结下仇怨。如果我们从对方的角度想一下，理解一下别人，你就会发现原来对方不是有意的，也可能是被逼无奈的，这样理解之后，你自然就会包容对方。而理解就是一座舒心桥，你理解了别人，别人也就包容了你，你们就能打破僵化的局面，冰释前嫌。倘若整个社会中多一点理解，就能多一点包容，那么人际间的关系就更加融洽，更加和谐，社会就能到处开出理解之花。

著名京剧表演艺术家梅兰芳先生就是一位通情达理、善解人意的人，因此他受到社会的尊敬，得到了“白玉无暇”的美名。

抗战胜利后，在上海一家小报的广告中，出现一条“艺人梅兰芳卖画”的字样，显然，是有人在冒梅兰芳之名赚钱。对于这种恶劣行为，梅兰芳的朋友都十分气愤，纷纷准备去那家小报社兴师问罪，并准备找出那个冒名者狠很教训他一通。

梅兰芳却劝阻他们，他对朋友们说，这个冒名者想赚钱不假，但通过卖画来赚钱，想必也是有点本事的，估计也是个读书人，只不过命运不好罢了。

朋友们从侧面了解了一下冒名者的来历，果然同梅兰芳所预料的一样。

面对冒名者，梅兰芳选择了理解和包容，他是个值得尊敬的人。而当今社会，很多人为了所谓的原创，非要争个谁输谁赢不可，这就是不会理解、包容别人的表现。

你不妨想一下，理解别人，包容别人，会令你失去什么吗？不会，相反，你会得到别人的尊重，因为理解是座舒心桥。

人与人之间最可贵的是站在对方的角度换位思考。理解是伟大的，它拉近了心与心之间的距离，增进了人与人之间的感情，避免了无意义的争端。

因为理解，和谐之音布满大街小巷；因为理解，社会长治久安；因为理解，哪里都能开出友谊之花。包容身边的每一个人，理解他们，生活会更美好，我们大家共有的家园将更加繁荣、安定。

有一天，小李被一件事弄得很尴尬：

他家住在一家超市门口，超市前面有很多自行车的停车位，他的自行车就停在超市门前。

那天，他没有带车钥匙，可是已经出了门，于是他就想把车扛到楼下再让妻子送钥匙过来。当他准备推车走的时候，却被一个老大爷“抓住”了。

“小小年纪，居然偷车！”老人义愤填膺。

“这车是我自己的，只是我没带钥匙。”小李解释道。

“你蒙谁呢？你别走！咱们叫警察来！”老大爷底气十足。的确，小李的这个理由说给谁听都不会轻易相信，老大爷执意要找警察。

两人僵持不下，小李反复向老人解释请求他相信自己，额头上渗出了细密的汗珠，但老大爷硬声呵道：“这么近还骑车？你骗得了谁呀！”事态越来越严重。

突然，小李想起来了，妻子在家，她可以来做证！他马上掏出手机打了个电话，不一会儿，小李妻子手里拿着钥匙急匆匆赶到了。随着清脆的一声响，车锁“啪”地开了。还没等愣在那里的大爷说话，小李夫妇便连忙说道：“我们能理解您是一片好心，别放在心上了。”老人眉头散开，满脸堆笑地表示自己真是老糊涂了，怎么弄出这么大一笑话！好在夫妇二人都很善解人意，息事宁人之后人群渐渐散去了。

这时周围有人在讨论："别人都不管他的事，可那位老大爷多热心地去管呀！我们身边要是多些老大爷这样热心的人，那么社会风气一定会越来越好！"所有人竟没有一个埋怨老大爷错怪好人，大家都以十分理解的心态对待这件事。

这是个美丽的误会，这表明人与人之间的理解在加深！男青年与他的妻子是包容的，即使老人给他带来了难堪，但他理解老人的一片苦心，一场误会就这样化解了。围观的人是包容的，没有一个人埋怨老大爷，因为他们理解这样的老人是淳朴的。因为理解，这场误会就在一片和谐中化解了。

生活中，我们每一个人都应该做到理解别人，从对方的角度考虑问题，遇到问题和矛盾时从对方的角度想，就能解开事情的死结，就能包容别人。理解是座舒心桥，架起人与人之间相互包容的大动脉！

不要总是揪着别人的过错不放

古人云："人非圣贤，孰能无过？"犯错在所难免，我们不要过于苛刻，要包容别人的过错，换位思考，从别人的角度多想想。

人与人之间接触久了，就如同牙齿和舌头，总有相互碰撞的时候，矛盾也就会产生。我们不要一味地揪住别人的过错不放。你不妨从别人的角度想想，你会发现，别人犯错不是故意的，是无心的，而且，对方已经为这个错误深深地忏悔了，这在他心中也是个疤，你为什么要常揭人伤疤呢？包容别人，从别人的角度想问题，就能让你的思绪豁然开朗；而抓住别人的过错不放，不仅折磨了别人，也是拿别人的过错惩罚自己，纠结着这种思绪，你就无法想得开。

包容别人，换位思考，不仅是一种高尚的情操，也是一种明智的处世智慧。古人说："取大节，宥小过，而士无不肯用命矣。""宥"是指宽恕，不懂包容智慧的人是做不到"取大节，宥小过"的，事实上他们更容易对"小过"计较不放，这样自然会失去人心，让自己在为人处世的路上越走越艰难。

拿破仑在西方军事史上是个奇才，他的战术和战略让人钦佩，他治理军队

的一个原则就是包容。有一次，他带领的部队驻扎在一个小镇上，而这个小镇是一个盛产葡萄的地方。当部队从葡萄架下过的时候，好多士兵都不能“望梅止渴”。可是，部队的军纪大家是知道的，谁也不能违抗。

这天晚上，有个小士兵很口渴，却找不到水喝，这时候，他想起了那诱人的葡萄，于是他一时把军纪抛在了脑后，偷吃了几串葡萄，而葡萄皮就成了罪证。

第二天，葡萄园的农场主看见了满地的葡萄皮，就知道自己的葡萄被拿破仑部队的士兵偷吃了。于是，他找到拿破仑，对他说了这件事，刚开始，拿破仑还不信，可是满地的葡萄皮证明这是个事实，他对农场主说：“真不好意思，我赔你钱，并且我一定会找出来是谁干的。”于是，拿破仑掏出钱打发了农场主的纠缠。

在回部队的路上，拿破仑很生气，他决定一定要揪出这个不守军纪的士兵，并且重罚他。可是转念他又想，现在这样做恐怕不妥，目前部队正是缺士兵的时候，一定要稳住军心，共同对抗敌人。

他把所有的士兵召集起来，说：“我知道，那水滴滴的葡萄的确很诱人，连我都想吃，可是大家应该知道军队的纪律，我想就不用我多说了吧。可是就是有这样一些人，管不住自己的嘴巴，偷了人家的东西，这样的事下不为例。”

士兵都很奇怪，拿破仑怎么不惩罚小偷，也不找出偷吃的人是谁呢？这时，这个小士兵站出来说：“首长，是我偷吃的，你惩罚我吧！”

“人会犯错误，这次就算了，下不为例。”

大家都没想到，拿破仑会这么包容，后来农场主问他：“你为什么不惩罚他？”

拿破仑说：“我为何要抓住一个人的错误不放呢？我包容了他，就为自己赢得了一个好战士，我们就能同心协力对抗敌人！”

果不其然，那个小士兵后来跟着拿破仑走南闯北，上场杀敌时，总是冲在第一个。

拿破仑以大局为重，并且从小士兵的角度想，常年在外，看到葡萄肯定会馋，而且当时他很口渴，这就是换位思考。拿破仑没有抓住小士兵的过错不放，他的包容之心让他赢得了一个和他出生入死的部下。包容之心能让一个人赢得更宽广的人生！

可能，在生活中，有人冒犯了你或伤害了你，或者令你很难堪，你或许会怒发冲冠、直言相对，在别人眼里你也确实是正当地维护自己的尊严，似乎无可厚非，但其结果只能是为自己增添一个仇人。

在与人交际的过程中，最忌讳的三个字莫过于“你错了”，将心比心地想一下，你希望别人对你说这三个字吗？所以，对于别人的过错，我们要包容，多从别人的角度想一下，这样你就能豁然开朗了。

抛开成见，换个思路看问题

有人说，包容是一种修养，一种处变不惊的气度，一种坦荡，一种豁达，是人类的美德。包容是一种大智慧，一种大聪明！历代圣贤都把包容作为理想人格的重要标准而大加倡导。《周易》中提出“君子以厚德载物”，荀子主张“君子贤而能容罢，知而能容愚，博而能容浅，粹而能容杂”。

生活如海，包容似舟，泛舟于海，才知海之宽阔；生活如山，包容为径，拾级而上，方知山之高大；生活如歌，包容是律，和律而歌，方知歌之动听。佛家有云：“精明者，不使人无所容。”我们常说的“得饶人处且饶人”，也是这个道理。包容是一个人见识、心胸和人格力量的体现，即所谓“海纳百川，有容乃大”。

世间无绝对的善恶好坏，也没有一成不变的人。我们不能总是用老眼光去看待人，我们要抛开成见，要有一种换位观，从对方的角度想想，你就能做到包容。

在古时候，有个这样的故事：

有个叫王二的人特别讨厌他的邻居，他总是看不惯他的这个邻居。因为这个人曾经因为偷盗被官府抓过，而且入了狱。后来被放出来以后，这个人就变

了，处处行善积德，周围的邻居也慢慢地接受了他。可是王二总是觉得他就是小偷，甚至不让自己的家人和他交往，怕被带坏。

有一天，王二的牛丢了，他怎么看都觉得自己的牛是邻居偷的，而且非拉着邻居见了官，只是没有证据，官府也没有办法。

过了几天，王二发现自家的牛又回来了，原来是岳母牵回家耕田去了。于是，王二看自己的邻居又不怎么像小偷了。

王二因为对自己的邻居有成见，就断定自己的邻居是偷牛者。生活中，像王二这样的人很多，他们总是对别人有成见，喜欢用有色眼镜看人，把别人看成是“偷牛者”。可事实上，他们的想法是错误的。假如他们从被误认为是“偷牛者”那一方的角度想，谁希望自己被看成是“小偷”？谁希望自己被看成另类？而且，成见是顽固的一种表现，是一种狭窄的思路，这常常导致错误的判断。

所以，我们要多从别人的角度思考问题，包容别人，不要总是对别人有成见。抛开成见，换个思路，这样就能清浊并容，让自己的思路重见光明了。

可是，生活中，就是有很多人总是把人分成三六九等，并把人格和贫富联系上。

小张是一所中学的老师，丈夫经营一家公司，因此，在经济方面算是很富裕的家庭。小张生完孩子后，还想重回工作岗位，可是不到几个月的孩子就无人照看了，于是，她想起了在农村老家舅舅的女儿小风，小风比小张小五岁，一直跟着父母。她询问了小风的意见，小风答应后，就把小风接到了城里。

刚来的那一段日子，小张似乎对小风特别好，妹妹长妹妹短的，还给小风买了几身便宜的新衣服，小风哪里知道，小张是怕小风把农村的“细菌”带到她家。小风在小张家很勤快，除了照看孩子，还把家里收拾得干干净净。可是有一次，她却听见了不该听见的话。

“我在家安了一个监视器，她在家的一举一动我都知道。”小张对丈夫说。

“你这样不好吧，万一被小风看见了，她会怎么想？”丈夫说。

“你知道什么呀，人穷志短，说不定哪天她就把咱家那点值钱的东西拿走了……”这些话都是小风半夜起来上厕所时不经意听到的。听到这些话时，她的眼泪夺眶而出，她没想到姐姐是个这样的人。

第二天，她在打扫书架的时候，由于一直分心，她不留神把架子上的一个水晶杯打碎了。这时，小张从卧室出来，马上破口大骂：“真是笨手笨脚的东西，没见过世面，看见我家有钱，嫉妒到拿我们东西撒气。”

小风这时候真是忍无可忍了，于是一气之下将地上的碎片划向了小张的脸……

小张的悲剧是自己造成的，她伤害了小风的自尊。每个人的人格都是不容侵犯的，小张就错在不包容，一个杯子碎了，本来相安无事，可是她的话又一次伤害了小风。

人是社会的人，世间并无绝对的好坏，而且往往正邪善恶交错，所以我们立身处世有时也要有清浊并容的雅量，要抛开成见，换个思路，包容别人。当然，要想拥有包容之心，就离不开换位观的树立。换位观需要我们换位思考，进行角色的转换。人与人之间的交往若产生了摩擦，就应当把自己和对方所处的位置关系交换一下，站在对方的立场上，以他的思维方式或思考角度来考虑问题。这样，当你想发怒的时候，通过换位思考，你的情绪就会平静下来；当你觉得对方不可理喻的时候，通过换位思考，你会真切地理解他此时此刻的感受；通过换位思考，你能抛开成见，变得包容。

我们生活中的每一个人都要做到包容，学会了包容，我们也便学会了做人。多一些包容，也就多了一分理解，多了一分信任，多了一分友爱。多从对方角度看问题，不要心存成见，我们便能胸怀像大海，无所不容；心宽如天空，无所不包！

互相理解，换位思考

换位思考，是一种体谅，是一种尊重，是一种理解，是一种幸福，是一种关怀，更是一种包容。生活中，假如我们做到多从对方的角度考虑，包容一点，很多无谓的矛盾就会消除。我们会因此收获至真的友情，心心相惜的爱情，还有心灵的自我洗涤。

春秋时，齐国有一对很要好的朋友，一个叫管仲，另一个叫鲍叔牙。年轻的时候，管仲家里很穷，又要奉养母亲，鲍叔牙知道了，就找管仲一起投资做生意。做生意的时候，因为管仲没有钱，所以本钱几乎都是鲍叔牙拿的；可是，当赚了钱以后，管仲却拿得比鲍叔牙还多，鲍叔牙的仆人看了就说："这个管仲真奇怪，本钱拿得比我们主人少，分钱的时候却拿得比我们主人还多！"鲍叔牙却对仆人说："不可以这么说！管仲家里穷又要奉养母亲，多拿一点没有关系的。"有一次，管仲和鲍叔牙一起去打仗，每次进攻的时候，管仲都躲在最后面，大家就骂他说："管仲是一个贪生怕死的人！"鲍叔牙马上替管仲说话："你们误会管仲了，他不是怕死，他得留着他的命去照顾老母亲呀！"管仲听到之后说："生我的是父母，了解我的人可是鲍叔牙呀！"

这个故事很多人都知道，从这个故事中，我们明白了一个道理：只有多从别人角度想，才会赢得别人的认可和尊重，才能让对方也能包容你，体谅你。鲍叔牙处处体谅管仲，最终赢得了管仲的肯定。

试着多替别人想想，试着体谅别人，你就会被别人理解。当你替别人想时，你会感到一种如释重负的快乐，会感到一种特殊的荣誉感。

朋友之间的换位思考能让友谊之树长青，从此心无芥蒂；儿女和父母之间的换位思考，让我们不再高喊"代沟"；爱人之间若能换位思考，我们还何必惧怕婚姻的"七年之痒"？换位思考就是从对方的角度想问题，就是要有一颗包容之心。

因为换位思考，我们的生活会更加幸福，我们的心灵会豁然开朗。

有一对情侣，他们来自不同的生活环境，但因为共同的爱好和追求走在了一起。

他们读的是同一所大学，尽管四年的学习让他们获得了很多，可是男孩还是和从农村出来时的生活习惯一样，和城市格格不入。女孩自小生活在大城市，有着城市人的生活习惯。但是女孩从来不试图改变男孩。

有一次，男孩和女孩一起逛超市，男孩喜欢吃苹果，女孩就买了一点，刚付了款，男孩就拿出苹果吃，超市很多人都看着这对情侣，而女孩很洒脱地走着。

第二天，女孩在路上走的时候，一个中年妇女问她：“姑娘，昨天那是不是男朋友啊，你怎么让他不洗苹果就吃啊？”

女孩一看，大妈就是小区里头的邻居，就和她聊了起来：“您不知道，我男朋友是农村的，我从来不说他的这些不好的习惯，因为这会触及他的自尊心，他很自卑。”

“你真是个善解人意的女孩，他真是有福啊！”中年妇女笑着走了。

女孩是个包容的人，她包容了男孩不好的生活习惯，凡事从男孩的角度想，怕伤到男孩的自尊。恋人之间若是有这样的包容，感情定能长久坚固。反之，如果女孩认为男孩在众人面前吃没有洗过的苹果让自己失了面子，制止男孩，恐怕就免不了一场争吵，严重的还会危及感情。

换位思考让我们不再吝啬，让我们不再斤斤计较，让我们心胸开阔起来，让我们的性格变得开朗。

当你走出第一步，体谅别人，就会换来别人的体谅，这就形成了双方的换位思考，这种换位思考会让我们彼此更加和睦，也会让我们的心灵抛弃灰暗，享受阳光的温暖！

恶意争斗只能两败俱伤

包容是一首人生的诗，我们的生命因为包容而不再平庸；包容是一门生活的艺术，大肚能容的境界，能让我们读懂人生的真谛。生活中，我们要懂得包容别人，因为相让共得，相斗俱伤。

我们要原谅他人一时的过错，不锱铢必较，不耿耿于怀，和和气气地做个大方的人。包容如水的温柔，在遇到矛盾时往往比过激的报复更有效。它似一捧清泉，款款地抹去彼此一时的怒意，使人们冷静下来，从而看清事情的本来缘由，同时也看清自己。试想一下，倘若我们针锋相对，以同样的方法还击对

方，那么除了两败俱伤、头破血流之外，还能带来什么呢？

相斗俱伤的道理每个人都懂，从前有个这样的故事：

卞庄子要刺杀老虎。旅馆的童仆劝阻他，说："两只老虎正要吃一只牛。吃得香甜时一定要争起来。一争必定要拼斗，一拼斗就会大的受伤，小的被咬死。对受伤的老虎下手刺杀，一下子便会得到刺杀双虎的名声。"卞庄子以为这话对，就站着等待它们。过了一会儿，两只老虎果然斗了起来，大的受伤，小的被咬死。卞庄子就对受伤的老虎下手刺杀，果然获得杀双虎的功效。

俗话说，一山不能容二虎，两虎相斗，或死或伤。生活中，也有很多和"二虎"相似的人，眼里容不下别人，非要和对方争个你死我活，而结果往往是谁也捞不着好处，甚至两败俱伤。而多从对方的角度考虑，换位思考，做到清浊并容，就能放下仇怨，就能共存。

在日本有两个武士，对武术达到一种痴迷的地步，他们武艺都很高强，可以说是不相上下，几次比武都没有分出胜负，但在武者的眼里，只有第一，没有平手。于是，二人约定，十五年以后再次比武，一定要分出胜负。

为了能打败对方，两个武士潜心苦练了十几年的武艺。终于到了比武那天，两人都断定了自己会赢，可是二人十几年来始终都没有停止过练武，在武术造诣上还是不相上下。但比武的时候谁也不肯认输，也不愿意停止，就这样，两人最后精力枯竭而死。死的时候，还保持着互相打斗的姿势。

这就是武者的悲哀，自古至今，这样的武者比比皆是，为了不遗余力地打败对方，最后让自己也成了"殉葬品"，这样的结局有什么意义呢？只要双方能够心胸宽广一点儿，包容一点儿，就能抛开所谓的输赢，共同探讨武术的要义，这样远比共灭来得好；同时，自己的思想也得到了进一步的升华，不再为虚名虚利所累。

小李和小张是一家软件公司的销售代表，两人平时看上去关系很好，可是，为了能够坐上销售经理的位子，二人总是暗暗较劲，只是没有摆到台面上来。

为了能够打败对方，他们使出浑身解数，除了努力提高销售业绩这个基本方法外，他们还用了其他不为人知的"武器"：小张曾经偷偷将小李的客户挖到自己手里，小李也曾在销售总监那里嚼过小张的舌根子。

可是有一件事改变了两人的关系：

因为经营效益越来越不好，老板又是个不擅于经营的人，所以眼看公司就要被别家收购，而这些员工中的很多人将面临着失业。公司老板决定开最后一次会，然后解散公司。

大家垂头丧气地走进会议室。

“大家这些年来一直很卖力，可是因为我的经营不当，恐怕公司撑不下去了，各位另谋高就吧……”

会议室鸦雀无声，谁也不敢打破这沉寂。

这时候，小张站起来说：“经理，你不能这样，还没有放手一搏，你怎么能就放弃呢？”

小李其实早想说这句话了，“是啊，即使公司经营不好，也不能转手给别人，大家在一起这么多年，我们愿意跟您继续干下去，我们不能轻易说放弃。”听见小李这样说，小张投去了一个赞赏的眼神，会议室马上躁动起来了。大家议论纷纷，都表示赞同他的意见。

经理见众人这么同心协力，也来了精神，决定重新来过。他把公司新的销售任务交给了小张和小李。

这是莫大的荣誉，小张和小李放下前嫌，在这个危难时候，他们选择了共进退，一起联系客户，一起为公司效力，不到一个月，公司的效益果然回升了。半年以后，公司的营业额已经上升到以前的几倍。而小李和小张均被升成公司的销售经理，两人成了真正的好朋友。

这就是包容的力量，相让的力量，相让使得小张和小李不仅实现了自己的目标，也挽救了公司，铸就了他们之间的友谊。少了钩心斗角，少了明争暗斗，他们的心胸开阔了很多。

至高境界的包容，是升华为一种对人对事的胸襟，对人生如诗般的气度。心存嫌隙的人，包容吧，不要再争斗了，争斗只会两败俱伤，不如相让，才能共得！

人做善事要夸奖，人有过错要包容

有句古话："扬人善事，隐他过咎，人所惭耻处，终不宣说，闻他秘事，不向余说。"这是一种包容，是一种大度，是一种大胸襟的表现。即使和别人之间有矛盾和冲突，我们也不要隐人善事；而别人的过错，我们则应用一种大度能容的心去包容，而不应该去张扬。

人说，我们的心有两个作用，一个是用来维持生命，一个是用来包容，可见包容之心的重要性。生活中，我们经常会接触到这样的人，即使你和他没有一点儿过节，甚至看起来还是平日里很要好的朋友，为了显摆他知道得多，他会不留客气地在背地里有影没影地去向别人告知你的"秘密"。这种人看起来开朗大方，其实心胸狭隘，不替别人着想，更谈不上包容。每个人都有自己不愿意透露甚至难以启齿的过错，我们何必将自己的快乐建立在别人的痛苦上呢？

能做到扬人善事，更值得人尊敬，这是更高层次上精神的升华。"予人玫瑰，手有余香"，和这个道理一样，包容别人，扬人善事，也是做了善事。

在德国，有个很著名的小提琴家，可以说，他的名字已经家喻户晓，很多热爱音乐和小提琴的人都希望可以拜他为师，得到他的真传，可是他都没有接受。

有一次，他的朋友问他："你什么时候收了一个学生啊？"

他说："我没有收学生啊！"

"不会呀，你看大剧院门口贴的海报了吗？有个年轻的女孩说是你的学生，要在大剧院开一次音乐会，你不会不知道吧！"

这个小提琴家和他的朋友来到剧院门口，的确看到那张硕大的海报，他的朋友以为他会很生气，可是他只说了一句："我去了解一下情况，说不定另有隐情。"

当天晚上，他拜访了那个姑娘，当他出现在姑娘面前。姑娘惊恐万状，抽泣着说，冒称是出于生计，并请求宽恕。他要她把演奏的曲子弹给他听，并加以指点，最后爽快地说："大胆地上台演奏，你现在已是我的学生。你可以向剧场经理宣布，晚会最后一个节目，由老师为学生演奏。”

这个姑娘为他的气度所折服，并暗下决心要努力成才。她对音乐家说了家中的情况，并说自己其实还在读书，父亲已经亡故，她不希望母亲为了她辛苦，为了凑到学费，迫不得已才冒充的。

在当日的音乐会上，姑娘演奏得非常好，最后一个节目是这个音乐家的小提琴独奏，当演奏完，他拿起话筒对所有观众说："这是我的学生，一个很努力很孝顺的孩子。我为她的母亲有她这样的女儿感到骄傲，她为了减轻母亲的经济负担，自己出来赚钱。希望她以后好好学习，在音乐上有所造诣。”一番话后，剧场内响起一片掌声。

这个音乐家是个大肚能容的人，那位姑娘冒充他的学生，他了解了情况以后，知道了姑娘的苦衷，就包容了她。而在音乐会上，他又在公众面前赞扬姑娘的孝顺，这就是扬人善事，隐他过咎。同时，他也受到了别人的尊敬。

人无完人，我们要包容，容人之过咎，做到清浊并容。一个人就像一池水，池中纵是一湾清水，也必定有藻贝鲜虾的污染，难道我们要因为一些小小的污染放弃整池水吗？清浊并容才是一种和谐状态。

包容别人，多替别人想想，你就会感受到心灵从未有过的澄明。而相反，倘若我们不能包容别人，甚至拿别人的过错来满足自己的报复欲，那么不仅伤害了别人，也折磨了自己。

有个很古老的故事：

明朝年间，有个江南富商，家中很富有，在年将花甲时，有个年轻后生拿着母亲的遗物来找他，说自己是他的儿子，为了完成母亲在世时的愿望，前来认父。老人想起了自己这一段往事，自己的确有这么一个孩子。

这后生认了祖归了宗，一下子成了富家公子。而这老爷原本有个儿子，一看见有人和自己争了宠，就想办法陷害他，说他在外面和青楼女子厮混，但最终查明这不是事实。几次三番，这位后生的哥哥都要置他于死地，但这位年轻后生都包容了他哥哥。

后来，后生的哥哥犯了事，被关在了牢里，年轻后生吩咐所有下人不能把事情告诉老父亲，因为他父亲一气之下说不定会作出什么决定。

在牢中，唯有年轻后生来看哥哥，并给他备了酒菜，和他抱头痛哭。到这一时刻，后生的哥哥才明白一句话：本是同根生，相煎何太急？同时，也明白了弟弟是个多么包容的人。年轻后生背着老父亲，为哥哥平息了这件事。后来两人成了无话不说的兄弟。

这个年轻后生是一个包容的人，当哥哥犯了错时，瞒住父亲，为他独挡一面。最后，他终于得以和哥哥冰释前嫌，化解了两兄弟间的矛盾。

包容是一种品质，更是一种大智慧，隐他过咎，能让我们化干戈为玉帛，而扬人善事更难得。我们要包容别人，容一切难容之事，容一切难容之人。清浊并容才是大气度！

包容是一种心怀感激的善意

当人对我们有恩情的时候，我们应当时刻记在心上；当别人做了伤害我们的事时，我们应当尽快忘掉他人的不是。

人的一生无时无刻不是在别人的关爱与照顾下生存：小时，父母含辛茹苦地养育，细心地呵护我们；读书时，老师手把手地教我们读书，恨不得把毕生所学全教给我们；长大后，真诚的朋友总是给我们一次次鼓励；恋爱后，爱人一心一意地为我们付出。

正是有了来自不同方面对我们的关爱，我们才能从小学会明白事理，长大之后学会为人处世，学会善待他人。我们接受了太多人的爱，所以我们应该心存感激之情。因此，在生活中，即使和别人之间产生了矛盾，我们也不要忘记别人的好，而要去理解别人，从对方的角度考虑，就能包容别人。

有两个一高一矮的商人，他们结伴同行出远门做生意，他们走了很远的路，来到一片广阔无垠的沙漠。有一天，两个人因为方向的选择在旅途中争论起来，两人争吵不休，高个子的商人还打了矮个子商人一个耳光。矮个子商人觉得难受，一声不响地在沙子上写下：“今天我的伙伴打了我一巴掌。”他们继续往前走。到了半夜，突然，暴风夹着流沙吹来了，高个子商人先醒了，赶紧推醒矮个子商人说，咱俩赶紧逃生。两个人逃了很久，终于找到了一个很安全的地方，躲在了一个大石头后面。这时候，矮个子商人拿出小刀，在石头上刻了一句话："今天我的伙伴救了我一命。"高个子商人很是奇怪，就问他："为什么我打了你以后你要写在沙子上，我叫了你这么一声你却刻在石头上了？"矮个子商人说，在这个世界上，我们难免受到伤害，被伤害了就要宣泄一下，不过要写在沙子上，反正风一过，流沙就平了，这些伤害就会遗忘。但是，别人对你的好，你要铭刻在心，刻在石头上，它就永远留在心里。

或许我们听过这个故事，我们要向故事中的人学习包容别人，让那些过错像沙子一样在心中抚平；而对于别人的好，我们要感激。包容和感激之情是分不开的。心存感激，就能包容。

当别人对我们有恩情的时候，我们应当时刻记在心上；当别人做了伤害我们的事时，我们应当尽快忘掉他人的不是。作为一个有情有义的人，你应当经常记住别人对你的好，这样你就会永远生活在感恩的世界里。

春秋战国时期是个兵荒马乱的年代，各国之间经常交战。一次，郑国派子濯孺子去攻打卫国，可是郑国军队不是卫国军队的对手，不幸兵败而逃。子濯孺子是郑国的大将，哪能放了他，于是卫国随即派庾公之斯追击，子濯孺子说："今天我的病发作了，拉不了弓，我活不成了。"可是，他突然想了想，又问给他驾车的人说，"追击我的是谁呀？"驾车的人回答："庾公之斯。"子濯孺子便说："看来今天是老天放我一马，我大幸啊，我死不了啦！"驾车的不明白，就问他："庾公之斯是卫国的名射手，他追击您，您反说您死不了啦，这是什么道理呢？"子濯孺子回答说："庾公之斯跟尹公之他学的射箭，尹公之他又是跟我学的射箭。尹公之他是个正派人，他所选择的学生、朋友一定也正派，不会是忘恩负义之人，放心吧。"不一会儿，庾公之之斯追了上来。他见子濯孺子端坐不动，也很奇怪，便问道："老师为什么不拿弓呢？"子濯孺子说："我今天病了，拿不了弓。您杀了我，就可以立大功了。"庾公之斯说："你把我看成什么人了，我杀了你就是大不敬了。你这不是陷我于不义吗？我跟尹公之他学射，尹公之他又跟您学射，我不忍心拿您的技巧反过来害您。但是，今天我追杀您，是国家的公事，我也不能完全放弃。"于是，庾公之斯抽出箭，在车轮上敲了几下，把箭头敲掉，用没有箭头的箭向子濯孺子射了四下，然后回去了。

庾公之斯知道，没有子濯孺子当年对自己师父传授箭术，也不会有他今天在箭术上的成就。所以，他放过了子濯孺子，包容了自己的敌人。他是明事理的大丈夫，受人一恩，最终报之。

俗话说，滴水之恩，当涌泉相报。

包容是委婉的变通之道

生活中，我们经常会被身边的人和事弄得焦头烂额，会因为别人的三言两语咬牙切齿。这是因为我们不能包容。我们疲于奔命，为生活操劳，我们似乎已经长时间地将包容搁浅，很少坐下来对包容一词有所思悟；我们执拗地拿别人的错误来惩罚自己，执拗地认为包容就失去了自尊。其实，心有多大，就能容纳多少烦恼，宽阔的心胸不会被这些琐事烦恼。

包容是一种委婉的变通，包容了他人，就是让自己的心胸更开阔一点，让自己不为琐事烦恼。包容他人，需要我们用变通的思维考虑问题，需要我们学会换位思考问题。想通了以后，就能包容别人，任何事也不能对你“构成威胁”了。

从前有个年轻人，他是个火暴脾气，听不得别人的半点议论，常常会被人们的三言两语给激怒，甚至忍不住大发雷霆。有一次，他又被气得不得了，便跑去找一位修行的长者诉苦，希望可以从他那里得到一点慰藉。

当他把心中的苦闷说出来以后，这个长者把他带到厨房，这位长者没多说什么，只倒给了他一杯水，之后又倒一勺盐巴下去，并要他尝一口。他一喝，不禁叫了起来：“哎呀！好咸啊！”年轻人不懂长者为何要让他尝一杯这样的咸水。长者没有多说话，只是笑笑，又带他来到一片美丽的湖泊，同样倒了一勺盐巴到湖中，又从中捞起一小杯水，要他再尝一口，并问他说：“这次会觉得咸吗？”那人回答：“怎么可能会呢，这么一湖的水，才加入这么一点盐。”

长者接着说：“这个道理人人都懂，湖的胸襟大，所以虽被倒入同样的盐分，但很快就被稀释了！年轻人，胸襟大一点，那些小事情就不会影响到你的生活。人，要做湖泊，不要做杯子。”

年轻人顿时恍然大悟。从此再也没有为那些流言蜚语所累，也不再动不动就发脾气。

那生活中的我们呢？你常觉得生命中有许多让你烦恼的人和事吗？如果你的胸襟只有杯子般的容量，那么这些人和事绝对足以影响你心灵、情绪的质量；但如果你的胸襟如湖泊般一样大，那么这些人和事很快就会被你稀释，根本影响不了你。

所以，我们要包容，拥有湖泊一样的胸襟。看古今中外成大事者，谁没有包容之心？蔺相如包容了廉颇，于是有了“负荆请罪”的佳话，二人一起为保卫赵国鞠躬尽瘁；林肯包容他的政敌，从而为自己赢得了一个支持者；韩信包容了让他受“胯下之辱”的人，让他担任自己的副将，为自己争取了一个心腹。

包容别人，需要我们换位思考，需要我们有变通的思维，不然我们只会囿于设定的狭隘的心灵中。假如我们能变通地想问题，想想对方犯错的理由，想想对方的处境，我们也就不会固执地对过去斤斤计较了。再或者，你可以从自身角度想，包容百利而无一害，如此想来，你也就能包容别人了。

有位著名的佛教宗师说：“人的心是高山、海洋所不能比的，所谓‘心如虚空’，就是放下顽强固执的己见，解除心中的框框，把心放空，让心柔软，这样我们才能包容万物、洞察世间，达到真正心中万有，有人有我、有事有物、有天有地、有是有非、有古有今，一切随心通达，运用自如。”放下固执的已见就是一种变通，我们往往会被别人犯的错纠结着思绪，其实只要我们愿意去“变”，就能“自通”了。学会换位思考很重要。

人与人之间是否能相处融洽，就看能不能包容，能不能变通地思考。以公交车上为例，一个大姐不小心踩了一个小伙子的脚，这位大姐说：“不好意思！”而小伙子说：“没事，只能怪我脚长得太长了。”车上一片笑声。再有

一例，由于刹车缘故，一个小伙子不小心撞到了一个小姐，这个姑娘说：“德行！”小伙子回答一句：“这是惯性！”包括姑娘在内的所有乘客都笑了。

生活中的一些小事，或别人的一句话，能对你产生多大的杀伤力，取决于你的胸襟、气度有多大，我们要拓宽自己生命的容量，善于转换思维。包容是一种变通，不要固执己见了，包容吧，朋友！

第 7 章

发自内心的宽恕与淡然：争强好胜是不成熟的表现

包容是成熟的表现。很多时候，我们的眼睛只盯着对方的缺点，而丝毫没有意识到对方也是有很多优点的，这样一来，我们就会一叶障目不见泰山。实际上，要想与对方融洽相处，我们就要学会包容他人。从本质上说，在包容他人的同时，你也是在放过自己。

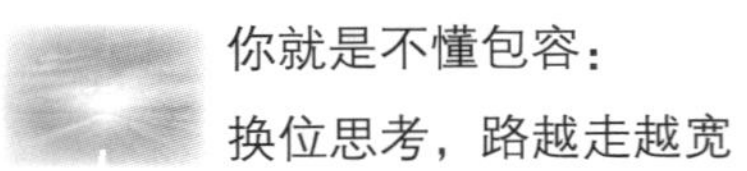

放宽心，事情原本可能更糟糕

在生活中，我们总是期待事情能够朝着好的一面发展，然而往往事与愿违。其实，事情的发展都是多向性的，不可能按照我们的意愿去发展。很多时候，我们明明觉得已经万事俱备、只欠东风了，但是在实际操作过程中，事情总是因为各种各样的原因而发生很多微妙的变化。正如蝴蝶效应，指的是在一个动力系统中，初始条件下微小的变化可以使整个系统产生长期的巨大的连锁反应。

蝴蝶效应最早是由美国气象学家爱德华·罗伦兹于1963年在一篇提交纽约科学院的论文中提出来的。“一个气象学家提及，假如这个理论被证明是正确的，那么，仅仅需要一只海鸥扇动翅膀就足以永远地改变天气变化。举例而言，一只南美洲亚马逊河流域热带雨林中的蝴蝶，假如偶尔扇动几下翅膀，那么就能够于两个星期后在美国得克萨斯州引起一场龙卷风。”经过分析不难发现这种现象是有理论依据的，因为蝴蝶扇动翅膀的运动能够使其身边的空气系统产生变化，并且会产生非常微弱的气流，而微弱的气流的产生又将引起周围空气或其他系统产生与之相应的变化，由此引起一个连锁反应，最终导致其他系统发生巨大的变化。这种现象也叫混沌学。在社会上，在诸如天气、股票市场之类的在一定时段难以预测的相对复杂的系统中，蝴蝶效应非常常见。广泛地说，事物发展的结果，对初始条件具有非常敏感的依赖性，初始条件的极小偏差，就有可能引起结果的巨大差异。在社会学界，蝴蝶效应主要说明了下面这个道理：一个坏的微小的机制，假如不加以及时的引导、调节，那么就会给社会带来非常大的危害，戏称为“风暴”或者“龙卷风”；与此相反，一个好的微小机制，假如加以正确的指引，那么只要经过一段时间的努力，就能产生轰动效应，也有人将其称为“革命”。

从蝴蝶效应中，我们不难得出一个道理，即事情有可能变得更好，也有可能变得更糟糕，只需要其中一个小小的改变。所以，当我们为事情糟糕而感到伤心绝望的时候，或者当我们为事情没有得到更好的结果而觉得遗憾的时候，不如想一想事情也有可能变得更加糟糕。如此想来，你就能够变得更加释然，为自己得到眼下的结果而感到庆幸。正是因为如此，很多人在做事情之前会先把最坏的结果考虑清楚，这样一来，不管结果如何，对他而言都是最好的。相反，假如有人在真正开始去做某情之前，总是想着最好的结果，那么，对他而言，任何其他的结果都是很糟糕的。实际上，这只是因为心理预期的不同。为了使我们更加乐观地对待发生的事情，我们不妨想一想，事情很有可能变得更加糟糕。

在足球场上，费迪南德是个让人既爱又恨的家伙。当年，他加盟利兹戴上队长的袖标，率领球队打进欧洲冠军联赛四强。仅仅时隔半年之后，他就脱下白色战袍加盟死敌曼联。年初，这位红魔后防线大将又与切尔西闹出了眉来眼去的绯闻，但很快，他就用头球终场前击败了利物浦。这是一个综合了悖论和矛盾的家伙，即使是在国家队里，费迪南德也是毁誉参半，经常是世界级发挥伴随着漫不经心的低级失误，不过，这些都无妨他成为英格兰伟大的球星之一。

费迪南德是英格兰队后防线上位置最为稳固的球员。然而，在英格兰队在南非的一次训练中，费迪南德在和赫斯基的拼抢中左膝盖受伤，马上就被送往医院进行扫描。最终的扫描结果非常糟糕，费迪南德的左膝韧带受到严重创伤，将不能参加世界杯决赛阶段的比赛。就这样，因为伤痛，费迪南德不得不告别世界杯。他并没有为此责怪肇事者。在经过一夜痛苦的思考之后，他已经能够坦然面对现状了。

费迪南德平静地说，“在我去扫描之前，我就已经意识到自己和世界杯无缘了，之所以去医院进行检查，我只是想再确认一下而已。这的确非常让人失望，不过，我如今已经走了出来。”“发生那件事情之后，第一个晚上特别难熬，要知道，那意味着你将失去代表你的国家参加世界杯的机会。我曾经无数次设想过关于世界杯的场景，率领国家队参加一次世界大赛是我的最高梦想，我几乎彻夜无眠。”

在历届大赛之前，都有很多明星球员因为形形色色的原因最终与大赛无缘，并且酿成一生的悲剧，对于已经有过三次世界杯经历，并且还有2014年希望的费迪南德而言，即使是这样沉重的打击好像也不足以“致命”。对于这件事情，费迪南德非常努力地表现出了乐观的一面：“在痛苦之后，我想我已经可以坦然面对了。还有很多人的情况比我更加糟糕。归根结底，我还健康地活着，今后还有机会从事足球运动，希望我能够早日康复，尽早归来！”

对于一个始终渴望在世界杯上一展雄姿的足球运动员而言，费迪南德遭受的打击是非常沉重的。但是，在经过一夜痛苦的煎熬和思考之后，他觉得对于自己而言结果还不是最糟糕的。因此，他才能够坦然面对命运所开的残酷玩笑。其实，生活中的很多事情都是如此，所以，我们应该作好最坏的打算，然后再朝着最好的方向努力，这样一来，每一个结果都是很好的结果，我们也能够怀着愉悦坦然的心情接受一切的结果。

人生原本艰难，何必再相互为难

早在远古时期，我们的祖先就在残酷的自然环境中艰难地求生。他们吃生冷的食物，住在临时搭建的山洞之中，食不果腹，衣不蔽体，就这样，一步步艰难地走到了现在，成为如今的人类。毫无疑问，在物质生活方面，我们已经比祖先先进很多了，而且，随着医学技术的发达，人类也已经战胜了很多疾病，寿命更是比远古时代延长了很多。然而，随着社会的发展，人们的生存压力也越来越大。和远古时代的靠天吃饭不同的是，现代的人们要想生活得更好，必须更加用心地去与别人展开激烈的竞争，毕竟，社会的资源是有限的。所以，尽管物质生活极大地丰富了，生存却变得越来越艰难了。

看看如今的孩子，刚刚出生几个月，就被家长带着去参加各种各样的亲

子班；刚刚学会走路，就开始去幼儿园上学；甚至还没有进入小学呢，就参加了各种各样的培训班。是什么使得家长越来越望子成龙、望女成凤？是巨大的生活压力。在承担着巨大生活压力的同时，为了使孩子将来能够生活得更好，这些家长在孩子很小的时候就开始带着孩子一路狂奔。孩子长大之后，即使是大学毕业了，假如并非好专业，并非出自名校，也很难在一时之间找到合适的工作，因为就业的压力也很大。面对如此严酷的生存现状，我们应该怎么做？是更加急不可耐地投入到竞争之中，不那么友好地面对身边的人；还是更好地面对生活，和睦地与人相处，相互帮助，彼此扶持？这么去做一道书面的选择题，大家可能都会毫不犹豫地选择后一个选项，毕竟，生活已经很艰难了，每个人都在艰难地为了生存而努力奋斗，又何须自寻烦恼，相互为难呢？实际上，在现实生活中，恰恰有很多人喜欢彼此为难，使原本就艰难的生活变得更加艰难。有的人因为走路的时候被过往的车子溅了一身水而破口大骂；有的人因为工作的过程中与同事发生口角而大打出手；有的人甚至在坐公共交通出行的时候因为让不让座的问题打闹起来。不得不说，人心太浮躁了，人们之间在彼此为难，使生活雪上加霜。其实，车子溅了你一身水很有可能是司机不小心，没有看到泥水坑；工作中的事情可以据理力争，但最好不要上升到人身攻击，大打出手更是没有必要；让座是人情，不让座是公道，我们可以对让座的人心怀感激，不能因为别人不让座而指责谩骂甚至是殴打别人。

陈凯歌导演的《搜索》中，一位都市白领乘坐公交车的时候，因为没给一位大爷让座，所以遭到乘客轮番攻击；被拍下视频传上网后，网友们更是纷纷人肉搜索辱骂。

某天，在杭州K192公交车上，也上演了同样一幕场景。下午1点多的时候，在一辆从武林小广场开往农副产品物流中心的K192公交车上，一个小伙子，鼻子上架着红色镜框，看上去身材非常瘦小，坐在车厢中部的“照顾专座”上，正对着下车门的位置。

在登云路口站，一对年轻夫妻上车了，丈夫上身穿着又大又长的绿色T恤，中等身材，看上去非常魁梧、强壮。妻子扎了个高高的马尾辫，怀中抱着一个孩子，看上去只有几个月大。当时，车厢里的人很多，夫妻俩挤到车厢中部的位置，恰好对着小伙子站着。

此时，车上的广播开始喊道："请给有需要的乘客让个座，谢谢大家！"小伙子没有任何反应，因此，广播再次响起，连续播了4遍。

小伙子抬头看了看夫妻，还是一声不吭地低下头。此时，一个女乘客好心地提醒司机："后面站着抱小孩的乘客，再播放一遍喇叭给有座的乘客提个醒吧，万一紧急刹车，很容易出事。"司机扭过头来对乘客们喊了句："大家都照顾下，让个座给有需要的乘客啊！"此时，小伙子再次抬起头，看了夫妻一眼，紧接着又迅速躲闪转头。

到了和睦新村站的时候，后排有人下车了，这时，抱着孩子的妻子寻到空位，抱着孩子坐了下来。不过，丈夫仍然站在原地，怒火中烧地盯着小伙子。

当小伙子再次抬头的时候，与丈夫的目光对接上了。就在这一瞬间，丈夫突然爆发了："你看什么看，车上坐着还看，看笑话吗？"一边说，他一边抡起手朝小伙子的脸颊狠狠地扇去，一左一右"啪啪啪……"还没来得及作出任何反应，小伙子就连吃5记耳光。小伙子的红色镜框突然之间就飞了出去，鼻血也"唰"地流了出来。

据当时坐在后面的乘客刘先生回忆说："这个巴掌扇得是真响，光听声音我就无法忍受了，车厢里突然安静下来，大家都默默无声地看了过来，没有人加以阻止。"

"那个抱着孩子的妻子也特别凶，坐在后面的位子上，还帮腔恶狠狠地骂那个小伙子：'你是不是你妈养的？让座都不知道吗？'"两站路后，这对夫妻就下车了。

小伙被打后，呆呆地坐在位子上，一声不吭，鼻血不停地往外流。

后来，一位头发花白的老奶奶慢慢地走到小伙子面前，从布袋里掏出几张纸巾递给小伙子，说："小伙子，擦擦。出了很多血，上医院检查检查吧。"终于，小伙子轻声说了句："没事，不要紧。"

此时，边上的乘客也帮忙拾起了已经断成几截的红色镜框。

小伙子把老奶奶给的纸巾团拢，塞到鼻孔里堵住，很快，纸巾被血浸透了。

到了终点站之后，小伙才下车，天下着大雨，他没有伞，淋着雨就走了。

这简直就是《搜索》情节在生活中的真实上演，不知道这个小伙子的内心深处是否也隐藏着像高圆圆在《搜索》中饰演的叶蓝秋那样的心事。如今，关于让座的事情在大城市已然成了一个热门话题。然而，究竟该不该让座，却是一个道德上的问题。对于让座的人，我们应该心怀感激，说一声感谢。但是，对于不让座的人，我们也应该感到由衷的理解，毕竟每个人都有自己的特殊情况。

很多时候，我们可以看出一个人是孩子还是老人，是孕妇还是残疾人，但是我们很难判断一个人是否有病。所以，当对方坐在座位上不愿意动弹的时候，我们应该既尊重自己，也尊重别人。此外，还有一个情况就是，如今，在大城市中，朝九晚五的上班族其实是很累的，他们大部分都住在远离城区的郊区地带，因此，在压力很大的工作和来回的奔波之中，他们也许确实需要坐在座位上好好地休息一番。鉴于这种情况，我们也应该表示谅解。

总而言之，让座是一个乐于助人的行为，接受了别人的帮助我们要表示感谢；但是假如别人因为特殊原因无法帮助我们，我们也是没有权利横加指责，甚至大打出手的。要知道，生活原本已经非常艰难，人与人之间应该多一些体谅和理解，不要再为难彼此。

争强好胜只会让自己身心疲惫

在生活和工作中，很多人都争强好胜，总想处处都比别人强。然而，事情往往不尽如人意。正如常言所说，好强的人没有好强的命。事实确实如此，很多时候，人假如太好强了，反而处处不能顺心如意。要知道，每个人的人生只有一次机会，错过了就再也无法回头。所以，我们应该明白自己真正想要的是什么，不要为了一时的争强好胜而使自己追悔莫及。对于任何人而言，人生都是非常短暂的，假如寿命短的，也许五六十年，即使是寿命长的，也就是七八十年的光阴。在这短暂的光阴之中，你想得到的究竟是什么？是一时的风光、别人的艳羡，还是自己内心深处的幸福感受？

有些人生活得非常从容，因为他们知道自己想要什么，不管外界变化多么迅速，他们始终坚守自己的内心，坚守着自己想要的人生。他们很少去攀比，因为他们的目标不是把别人比下去。相反，有些人则生活得非常局促，他们总是很辛苦地生活，时时刻刻都在和别人一比高下。他们不仅和别人比吃、比喝、比穿，还和别人比老公、比孩子、比父母，总而言之，他们的一生都在比较之中。假如能够比得过，还可以盲目地乐观一会儿；但是一旦发现自己比不过别人，他们的心情就会陷入低谷，无法自拔。

实际上，在人生终结的时候，人们能够从这个世界上带走什么呢？事实是，什么也带不走。对于任何人而言，一生的经历在生命逝去之后也会随风消散，所以，真正拥有的是活着时候的感受。由此可见，对于人而言，幸福和快乐的感受是最重要的，而不是当多大的官，有多少钱。在生死之间，任何人都是平等的，不管身份是高贵还是卑微，不管钱是多还是少，都是一样赤条条地来，赤条条地去。假如能够想明白这一点，那么你就会恍然大悟，意识到自己其实无须为了很多不值得的事情拼尽自己的全力。因为，即使你拥有这个世界，你也只能拥有这一生，你也同样要面对生死。

在讨伐许国之前，郑庄公需要为自己挑选先行官。为此，他组织了一场比赛，大多数武将都前来参加。为了得到郑庄公的重用，这些武将都非常珍惜这次难得的机会，希望在这次比赛中胜出。

经过第一轮击剑项目比赛之后，郑庄公从众多武将之中筛选出6个人，让他们进行第二轮比箭项目。这6个人里，有一个武艺高强、年轻气盛的年轻人叫公孙子都，他心高气傲，一向不把别人放在眼里。在这6个人里，他是第五个上场的，只见他搭弓上箭，3箭连中靶心。他扬扬自得地看了看最后一位选手。

最后一位选手是颍考叔，他是一个头发花白的老人。别看他的年纪已经很大了，他的射箭技术同样是一流的。只见他走上前去，从容不迫地射出3箭，也是箭箭连中靶心。

此时，庄公已经发现他们两个人全都武艺超群。相比之下，公孙子都比较

年轻，有冲劲儿，是个难得的人才，不过，缺点是有点傲气；而颍考叔尽管年纪有点老，但是他曾经劝庄公与母亲和解，武艺又高，也是个难得的人才。一时之间，郑庄公很难定夺，所以就决定再设一个项目，让他们二人一较高下。

庄公派人拉出一辆战车，对他们说："你们二人站在百步开外，一起来抢这部战车。谁抢到手，谁就可以担任我的先行官。"两人都开始行动起来，公孙子仗着自己比较年轻，以为自己必胜无疑。想不到的是，他在中途脚下一滑，跌了个大跟头。等到他灰头土脸地爬起来的时候，颍考叔早就已经抢车在手了。所以，庄公公布颍考叔为先行官。自此以后，公孙子一直对颍考叔怀恨在心。

在进攻许国都城的时候，颍考叔一马当先，手举大旗率先从云梯冲上许国都城的。眼看着颍考叔即将大功告成，公孙子都妒火中烧，居然在一气之下抽箭射死了颍考叔。众将士都以为颍考叔是被敌人射中的，所以拿起战旗，继续攻城，最终顺利地拿下了许都。

几天前，琳达和领导请假去参加一个葬礼。参加完葬礼之后，她告诉同事们，死者是她的大伯。大伯其实年纪并不大，只有六十来岁，原本就患有轻微脑血管疾病。有一天，大伯与几位老友玩麻将的时候，因为怀疑其他两位老友联手起来坑他，因此与他们之间发生争执。在激烈的争吵中，大伯情绪激动，恨得咬牙切齿，冲动之中，他想站起来去拉扯对方，但是，就在站立的那一瞬间，他猝然倒地身亡。医生诊断其猝死的原因是脑溢血。

在第一个事例中，颍考叔抢到了先行官的官职。然而，在大功即将告成之际，因为得意忘形，颍考叔抢先上了城楼，最终被公孙子一箭射死。而在第二个事例中，琳达大伯的死则更加让人匪夷所思，麻将只是平日里的消遣，而且是和自己的老友一起玩。但是大伯凡事较真，非要说个清楚，因为情绪过于激动引发了脑溢血，最终撒手人寰。

在这两个事例中，死者都是因为争强好胜才失去了宝贵的生命。在人生的最后一刻，假如人们还有时间思考，那么一定会为自己曾经的争强好胜而懊悔，因为人活着只需要一口气而已。

把目光集中在他人的优点上

俗话说，人无完人，金无足赤。在这个世界上，没有绝对的完美，不管是人还是事情。人们常说，有得必有失，有舍必有得。辩证唯物主义告诉我们，任何事情都是有利也有弊，有弊也有利的。虽然道理人人都懂，但是生活中还总是有人揪住别人的小辫子不放，总是得理不饶人。其实，这是一种很不好的做法。毕竟，当你在意别人的小瑕疵的时候，你首先应该反思自己是否完美。古人云，子所不欲勿施于人，假如你本身就是不够完美的，那么你还有什么权利要求别人是完美无瑕的呢？由此可见，我们不应该过于在意别人的小瑕疵，而应该怀着一颗包容之心去容纳别人。

很多时候，过于完美的人或者事情总是给人以不太真实的感觉。就像古人所说的，水至清则无鱼，人至察则无徒。意思就是说，水太清了，鱼儿就没法生存了。一个人太苛刻了，就很难交到朋友，因为没有人敢和他打交道。其实，凡事都是有两面性的，从一个角度来说，水清是好事，假如水太浑浊了，就没有足够的氧气供鱼儿呼吸。但是，从生态的角度来说，水太清了，水中就缺乏微生物，导致鱼儿生存的生物链被破坏，鱼儿自然也就无法生存了。同样的道理，在这个世界上，谁能保证自己是完美无瑕的呢？谁能保证自己不会犯任何错误呢？可以说，没有人能够作出这样的保证。既然如此，我们就应该容忍别人的一些不完美和小瑕疵。很多时候，我们不能抱定自己的观点去评价别人，而要容忍一些不符合自己价值观点和评判标准的人和事物的存在。这样才能使自己变得更加包容，从而交到更多的朋友，使自己的人际关系更加顺畅。

卫国的宁戚始终怀才不遇，他想帮助齐桓公治国，但是苦于没有途径。

一天，他帮商人赶着装载货物的车子到了齐国，非常巧合的是，他遇到了桓公，宁戚心中感到非常悲伤，所以就敲着牛角大声唱起歌来。桓公听到歌声的时候，情不自禁地心头一震：“真是不同寻常啊，这个唱歌的人肯定不是普通人。”

当下，齐桓公就把宁戚请到朝廷，并且赐予他衣服帽子，专门召见他。

宁戚见到桓公之后，就把自己治国的主张全都说给桓公听。桓公听了之后特别高兴，准备任用他。出乎齐桓公的意料，大臣们却纷纷表示不同意，劝谏道："这个人是卫国人。既然卫国距离咱们国家很近，咱们不如先去了解他。假如确定他的确是个非常贤德的人，那么再任用他也不迟。"不过，桓公却说："无须多此一举。你们之所以建议我去了解他，无非是担心他有一些小毛病，然而，要想拥有天下杰出的人才为己所用，我们就不能因为人家的小毛病而丢掉人家的大优点。"毋庸置疑，桓公是一个非常开明的国君，他不过分在意别人的小瑕疵，而只看中别人的大德。正是因为他有如此的心胸，所以他才能够招来天下的豪杰之士为己所用。

在南北战争初期，为了保证战争能够取得胜利，林肯在选拔人才担任北军统帅的时候始终坚持一个原则，即必须要没有缺点的人。但是，事与愿违，他所选拔的这些修养甚好、几乎完美无瑕的统帅，在人力和物力占据绝对优势的条件下，却被南军的将领一一打败。有一次，他们险些连华盛顿都失守了。事实给了林肯惨痛的教训，他认真分析了对方的将领，从杰克逊起几乎人人都有显而易见的缺点，不过，与此同时，他们也都具有自己的特长。诸如，南军统帅李将军非常善用其手下将领，因此能够顺利地打败林肯任命的看上去毫无缺点同时也不具备什么特长的北军将领。

发现这个特点之后，林肯毅然任命了酒鬼格兰特为北军司令。委任状发出后，舆论大哗，不管是政府官员还是普通民众全都表示反对。很多人哀叹，北军即将完蛋了，因为"昏君"任命了"酒鬼"担任统帅，甚至有人直接找到林肯，大肆批评格兰特好酒贪杯，根本不能担当此大任。林肯笑着说："假如我知道他喜欢喝什么酒，那么我一定会送他几桶酒，让他喝个痛快。"历史证明，林肯任用格兰特的决定是完全正确的，这一任命成了美国南北战争的转折点。自从格兰特担任美国总统之后，就彻底扭转了南北战争的局面。

齐桓公之所以成为历史上的明君，主要是因为他拥有很多优秀的人才；而他之所以能够拥有那些优秀的人才，主要是因为他能容忍那些优秀人才身上的小瑕疵，依然坚定不移地信任他们，重用他们。

这一点，在林肯身上得到了证实。那些看似完美的统帅险失华盛顿，而看上去嗜酒如命的格兰特却彻底扭转了美国南北战争的局面。作为普通人，我们必须深刻反省这一点。只有容纳别人的小瑕疵，我们才能发现别人身上的闪光点，或者向其学习，或者使其为己所用。

第 8 章

拥有一颗感恩的心：懂得珍惜，不去斤斤计较

很多时候，人们之所以包容大度，是因为懂得珍惜。尤其是在面对自己的爱人、家人的时候，感恩使我们更加珍惜对方，我们自然也就不会斤斤计较。充满感恩的人生必然是充满爱的人生，只有感恩，才能使我们怀着欣喜的心情面对世间的一切。

锱铢必较让路越走越窄

批评和埋怨别人，这其实是一件非常容易的事情，即使傻瓜也知道应该如何去做。相比之下，理解和包容他人的人虽然看起来很傻，吃了亏也不计较，却需要极高的修养和良好的自我控制。一个不能自控的人，面对别人的任何伤害，都会不假思索地指责和埋怨。一个能够很好地自我控制的人，总是怀着一颗包容的心，怀着包容的理性，包容别人，不去斤斤计较。也正是因为如此，他总是受到了伤害而一笑置之，吃了亏而不以为然。从表面上看，他很傻，因为他不知道维护自己的利益，不知道为自己据理力争；其实，这种人是大智若愚，他知道，有舍才有得。世界上的很多事情之间看似毫无关联，实际上有着千丝万缕的联系。很多时候，你在这里失去了，也许在其他地方会有出乎意料的收获。很多时候，一些人表面上非常精明，从来不吃亏，处处爱占小便宜，实际上他们吃了大亏，只是不自知而已。

纵观古今中外，但凡能成就大事者，都有着博大的胸怀，能够包容别人的过错，既往不咎。也正是因为如此包容大度，所以他们才能得到别人的真心，别人也才会全心全意地帮助他，辅佐他。这种事例在历史上数不胜数。

楚庄王是春秋五霸之一，有一次，他宴请群臣，要求大家不分君臣，尽兴饮酒作乐。

正当大家玩得兴高采烈的时候，突然之间，一阵风吹来，灯火全都熄灭了，全场陷入一片漆黑之间。此时，有人乘机调戏楚庄王的爱姬，爱姬非常机智，趁着撕扯之际扯下了这个人的冠缨。她大声地告诉楚庄王："大王，刚才有人调戏我。我已经把他的冠缨折下来了，请大王把灯火点燃，只要看清谁的冠缨断了，就能够判定他就是调戏我的人。”此时，群臣的酒被吓醒了一半，大家乱成一片，以为定会有人因此而丧命。但是，出乎大家意料的是，楚庄王宣布：“先不要点灯。请大家在点燃灯火之前都扯下自己的冠缨，假如有人不扯断自己的冠缨，那么必将受罚。”

当灯火再次燃起的时候，群臣都已经拔去了自己的冠缨。这样一来，自然就无法查出那个调戏爱姬的人了。大家都长长地舒了一口气，重新高兴地娱乐起来。

两年过去了，晋军进攻楚。此时，一名将军无比英勇，勇往直前，杀敌无数，立下了赫赫战功。为此，楚庄王召见他，赞扬他说：“这次打仗，幸亏有你奋勇杀敌，才能使我们顺利地战胜晋军。”想不到的是，这个将领泪流满面地说：“两年前，在酒宴中调戏大王爱姬的人就是臣。当时，幸亏大王仁慈宽厚，重视臣的名誉，包容臣的过错，不处罚臣，这使臣无比感激。从此以后，臣就决心效忠大王，等待机会能够为大王效命。”

胡佛是著名的特技飞行员和试飞员。在一次特技表演后，他从圣地亚哥返航至家乡洛杉矶。在300英尺的高空中，他突然发现飞机的两个发动机同时失灵。胡佛并没有惊慌失措，而是敏捷熟练地操纵着飞机，并且想方设法地安全着陆，虽然机身受到了巨大的损害，但是没有任何人员伤亡。

紧急迫降之后，胡佛首先检查了飞机燃料。果然不出他所料，这架“二战”螺旋桨飞机使用的是喷气式飞机用的煤油，而不是汽油。回到机场之后，胡佛在第一时间要求和维护飞机的技工见面。当胡佛走向他的时候，这个为自己的错误懊恼不已的年轻人已经泪流满面，因为他的失误，导致一架非常昂贵的飞机报废，并且险些使机上的三个人丧命。

假如是别人，一定会非常气愤，对着技工破口大骂。然而，胡佛并没有怒斥犯错的技工，甚至没有责备他。与此相反，胡佛走上前去，用宽厚的手臂环住他的肩膀，真诚地说：“我相信你以后再也不会犯类似的错误了。为了证明我的信任，我决定让你从明天开始负责修护我的F-51型飞机。”

因为包容，楚庄王多了一位在战场上誓死为他效力的勇士。因为胡佛的包容，那个技工定会在以后的工作中更加细心和努力。这就是包容的力量，有的时候，它远远比责怪的效果更好！虽然我们不是伟人，但是在日常生活中，假如你想拥有更多真心的朋友，你就要学会包容大度，切勿锱铢必较！

猜忌让多年的信任瞬间崩塌

在生活中，斤斤计较的人比比皆是。不过，计较的起源却是完全不同的。有的人之所以计较，是因为本身对金钱、物质等看得比较重。有些人之所以计较，是因为没有安全感，总是希望身边的家人、朋友或者是爱人给予自己更多。稍有不足，他就会马上计较起来，生怕对方不够重视自己。有些人的计较，则纯粹是因为置气。例如，他明明根本不在乎多一点或者是少一点，但就是因为有比较，所以他非要争那多一点，或者是少一点。

在众多的计较之中，尤其以女人对丈夫的计较、下级对上级的计较最为特殊，因为这两种计较的起源都是猜疑。所谓猜疑，指的是无中生有地生出疑心。很多时候，猜疑起源于对人对事不放心。具体说来，最初的猜疑只是为了保护自己以及自己的利益。然而，随着猜疑的加重，自己会越来越小心眼，越来越计较对方的一言一行，计较对方对自己是否看重，是否全心全意，是否公平。其实，猜疑不但是对他人的一种伤害，而且是对自己的一种摧残与折磨。大多数情况下，计较不仅于事无补，而且会导致对方心生厌烦或者是不满，最终变本加厉。

张娜最近对丈夫盘查得越来越紧了，因为她曾经无意之间在丈夫身上发现了一个口红印记。虽然丈夫再三解释说不知道是怎么回事，但是张娜还是如临大敌，开始24小时严密监视和戒备。每天，只要丈夫回家稍微晚一点儿，张娜就会马上打电话给他，询问为什么这么晚还没有回来。有的时候，即使丈夫在开会，她也会不厌其烦地盘问一番，在哪里开会，和谁一起开会。后来，丈夫忘记了结婚纪念日。假如是在正常状态中，张娜也许根本不会计较丈夫忘记了结婚纪念日；但是因为此刻的情况非比寻常，所以张娜的反应非常激烈。那天晚上，丈夫因为加班回家晚了，张娜就一直给丈夫打电话，甚至把电话打到了办公室的座机上。听着同事们调侃的话语，丈夫觉得无地自容。回到家之后，他发现张娜还在气鼓鼓地坐在沙发上，就说：“岗也查了，心也放在肚子里了，怎么还不去睡觉啊？”张娜突然之间泪流满面地说：“今天是什么日子？我问你今天是什么日子？”丈夫显然是忙晕了，想了半天也没想起来。张娜歇斯底里地说：“你忘记了我们的结婚纪念日，是不是这个日子对你来说不再是值得纪念的日子，而是一个梦魇？”丈夫赶紧解释：“对不起啊，最近太忙了，居然把这个日子忘记了。这样吧，你想要什么礼物，我明天陪你去买！”张娜还是不依不饶。她把丈夫对结婚纪念日的遗忘和丈夫对她的感情联系在了一起，这使丈夫非常苦恼。

杜明和顶头上司张杰的关系原本非常好，就像哥们一样无话不谈。然而，在一次评选先进工作者的过程中，张杰因为私心，把原本属于杜明的荣誉给了自己的小姨子李霞。从此以后，杜明就不那么信任张杰了，而且总是对张杰在工作上的安排斤斤计较。

虽然这次去海南岛出差原本就应该派杜明去，但是因为时值年终考核，所以杜明不想在如此重要的时刻去海南岛出差。为此，杜明和张杰之间发生了冲突。杜明说：“为什么要派我去海南岛出差呢？我不想去。”张杰说：“这是工作需要，你一直负责那边的市场，对那边的情况也比较熟悉，你是最佳人选。”杜明愤愤不平地说：“除了我之外，还有别人负责那个区域啊，为什么不派他们去？上次我就因为出差失去了一个对我而言很重要的荣誉，眼下马上就要年终考核了，我不想离开大本营！”张杰安抚杜明：“你放心吧，不管你人在哪里，该是你的什么都不会少的！”杜明还是坚持自己的想法：“反正我不想去，我已经因此而吃过一次亏了！”最终，他俩不欢而散。

从张娜的立场来说，在发现丈夫衬衫上的口红印记之后，她对丈夫的信任就减少了，与此相对应的，猜疑就增多了。正是因为猜疑，她非常计较丈夫的一举一动，即使是无关紧要的小事，她也会再三盘问。这就是信任缺失导致的后果。在夫妻之间，彼此的信任是最重要的。而在第二个事例中，杜明对于出差的事情斤斤计较也是因为不放心张杰引起的，张杰因为自己的一次私心失去了杜明对自己的信任，所以才会在开展工作的时候遇到重重阻碍和困难。当计较是因为猜疑而引起的时候，不管是双方的哪一方，尤其是失去信任的那一方，首先应该反思自身，重建信任。只要彼此之间再次建立起信任的关系，那么，猜疑就会烟消云散，计较自然也会随之减少。

斤斤计较反而会失去更多

在生活中，很多人因为心眼太小、心胸狭隘、过于注重自己的利益而斤斤计较。实际上，斤斤计较非但不会使你得到更多，有时候反而会事与愿违，导致你失去更多。很多时候，斤斤计较的人看似在小事上得到了很多利益，却给别人留下了恶劣的印象，导致别人不愿意与其进行更加长久的合作。如此想来，岂不是失去更多？当然，斤斤计较的人除了失去一些合作的机会和利益之外，还会失去最宝贵的资源——朋友。通常情况下，斤斤计较的人因为心胸狭隘，很难拥有良好的人际关系。和朋友在一起的时候，他们因为谁请谁吃饭喝茶，谁埋单的问题颇费脑筋，最终，他们不再需要因为和朋友吃饭谁埋单的问题而大伤脑筋，因为他们早就已经失去了朋友。

古人云，水至清则无鱼，人至察则无徒。意思是说，假如水太清了，鱼儿就无法生存，假如人太过于精明了，把凡事都看得很清楚，那么就很难有朋友。同样的道理，在人际交往过程中，假如一个人算计得太清楚了，即使是交好的朋友，也会失去。其实，很多人在交朋友的时候都喜欢“马大哈”，他们显得傻傻的，但是很可爱，他们无私地为朋友付出，也得到朋友无私的回报。这是因为人与人之间的交往是相互的，你想要得到多少，那么你首先应该主动付出多少。有些人在与人交往的时候总是不见兔子不撒鹰，或者是临阵磨枪，到用得着别人的时候再拎着礼品去拜访，这样未免有些狼子野心，昭然若揭。实际上，除了生理上的障碍之外，人人都不傻。只不过有人的精明总是摆在桌面上，而有人的精明则深深地埋藏着心底之中。假如你能够意识到斤斤计较反而更容易失去更多这个道理，那么你就能逐渐改变自己的行为方式，学会更好地与人相处。

苏菲在班级里的口碑非常好，几乎每个同学都友好地对待她，因为她总是能够真诚地帮助同学们解决一些问题。但是，近来，苏菲在同学中的口碑却一落千丈，几乎每个同学见到她都避之唯恐不及。原来，这都是一次选举惹的祸。

近来，学校得到了一个名额，要评选出一名德智体美劳全面发展的同学成为整个地区的优秀学生。苏菲之前在班级中一直表现得非常优秀，这次也特别想争取到这个名额，因为被选中的同学很有可能将于毕业的时候被直接保送研究生。原本为自己争取一个难得的机会是无可厚非的，但是，苏菲错就错在不应该明目张胆地给自己拉选票。大家都知道，大学环境还是相对比较单纯的，每个同学心中都有自己的一杆秤。原本，苏菲只要像平时一样对待同学们就足够了；但是，苏菲一反常态，更加热情地对待同学。她每天都利用午饭时间请各个同学吃饭，这使同学们非常反感，因为她的功利心太强了。在吃饭的时候，她还会非常明显地讨好同学们，并且许诺一些好处。如此一来，原本对她印象非常好的同学反而都不愿意选她了。最可怕的是，苏菲居然公开诋毁那名与她竞争的同学，说那个同学的坏话，把一些莫须有的罪名强加到那个同学的名上。

最终，苏菲虽然得到了那个宝贵的名额，却失去了同学们的信任。大家都在私底下议论纷纷，说苏菲肯定也对负责这件事情的老师采取了“公关”的态度，所以才能够使自己顺利当选。自从发生了这件事情之后，同学们再看到苏菲都避之唯恐不及，因为他们都觉得苏菲的城府太深了，手段也过于社会化。因为计较这个名额，因为太想得到这个名额，苏菲失去了同学们的信任，这使她在之后的大学生活中如履薄冰。

其实，苏菲原本可以一直保持自己在同学们心目中的美好形象，然而，在荣誉面前，她没有把持好自己。要知道，没有人愿意被别人当成一颗棋子，也没有人愿意和一个自己看不透的人打交道。苏菲虽然得到了那个珍贵的荣誉，却失去了同学们的信任，孰轻孰重可想而知！很多时候，计较是性格中的缺点，它是我们在生活、工作和事业上的绊脚石，很容易使我们在不经意间失去更多的东西。一个人富有，并非是因为自己拥有的东西多，而是因为自己计较

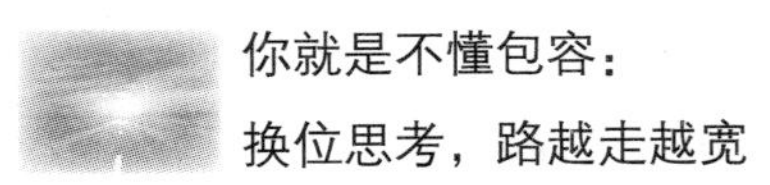

的少。假如你也想使自己成为一个富有的人，就应该放宽胸怀，使自己远离斤斤计较，多一份随遇而安！

感恩家人，感激生命

每个人的成长都离不开家人的陪伴，从嗷嗷待哺的婴儿到健康成熟的成人，这个过程是非常漫长的，离不开父母无微不至的关心、照顾，也离不开兄弟姐妹的相互扶持、鼓励和帮助。然而，等到真正长大的时候，也就是我们脱离家庭的时候，我们会组建一个属于自己的家庭，从而彻底地脱离之前的大家庭。细想起来，家庭就像是一个不断分裂的细胞，一代一代地衍生下去。

对待家人，不管是父母，还是兄弟姐妹，我们都应该怀着一颗感恩的心。要知道，假如没有他们，也就没有今天的我们。在现代社会中，有很多人因为自己的家庭条件不够好，父母无法为自己提供更多的经济支持，而对父母心生怨恨。其实，这是完全错误的做法。对于任何生命而言，都离不开母亲的子宫。在那个黑暗而又温暖的小房子里，你从一颗小小的胚芽成长为一个健康可爱的婴儿。而婴儿靠什么生存和成长呢？靠的是母亲的血。所以说，每一个孩子都是母亲的骨血。这还远远不是母亲最操心的时候。等到孩子出生以后，父母还要一把屎一把尿地把孩子养大成人。人们常说，不养儿不知父母恩，主要是因为没有养育孩子的人根本无法从父母的描述中体会到父母的辛劳。对于初为父母的人而言，最难熬的就是孩子生病的时候。看着那个小小的身躯在护士的手底下扭动，父母总是心如刀割，恨不得代替孩子被针扎。在成长的过程中，孩子需要兄弟姐妹的陪伴，一个孩子总是觉得孤单；假如能有一个兄弟姐妹，即使偶尔会打打闹闹，也是一份亲密无间的陪伴。如此想来，不管我们的父母是贫穷还是富有，不管我们的兄弟姐妹离我们是远还是近，他们都是我们最亲近的人，是我们应该对其心怀感恩的人。

松阳今年26岁了。他的父母都是农民，一辈子面朝黄土背朝天，为了供养松阳读完大学，他的父母每年农闲的时候都外出打工，在建筑工地上干一些又脏又累的活儿。大学毕业后，松阳选择留在大城市。父母原本以为等到松阳读完大学就能够帮衬家里了，想不到的是，大城市的大学生多如牛毛，松阳非但没能帮助父母，反而时常需要父母的接济。

转眼之间，毕业两年的松阳已经26岁了，经人介绍，他认识了李云。李云是一个非常漂亮的姑娘，而且是本地人，父母都在银行工作，家境比较殷实。经过一年多的恋爱之后，李云想结婚了。松阳当然也想早日结婚，毕竟结婚了自己也就有家了。为了商讨结婚的诸多事项，松阳的父母特意从外地赶来和亲家见面。想不到的是，李云的父母提出让松阳的父母在本市买一套房子。为了供养松阳上大学，他的父母已经累弯了腰，如今，居然让他们在本市买一套50元万的房子，这不是强人所难吗？大多数人都认为松阳应该自己和李云协调好这件事情，以免父母为难。但是，出人意料的是，当李云说出没有房子就不结婚的时候，松阳居然转而去责怪他的父母。他说：“都是你们成天嚷嚷着让我找对象。这下好了吧，对象也找到了，也要结婚了，房子呢？没有房子怎么结婚？没有房子有哪个姑娘愿意嫁给我？”松阳的父母不禁老泪纵横，善良的他们没有责备儿子，只是恼悔自己没本事，没给孩子一个幸福安稳的家。

如此一来，结婚前的家长见面闹得不欢而散，面对着李云及其父母坚定地要房子的态度，松阳赌气地说：“这婚不结了！”当父母劝松阳再好好和李云商量一下房子能否缓一缓再买的时候，松阳对着父母吼道：“缓一缓，缓一缓，既然房子可以缓一缓再买，为什么婚不能缓一缓再结呢？你们什么都给不了我，却总是催着我结婚！”父母无语哽咽，不知道应该如何应对。

一天，松阳正在上班的时候，突然接到了一个电话。原来，为了给松阳攒钱买房子，他的父母再次重操旧业，到建筑工地上打工。一不小心，松阳的爸爸从三层楼高的脚手架上摔了下去，昏迷不醒。医院里，松阳跪倒在父亲面前，大声哭泣：“爸爸，你睁开眼睛看一看我吧！我是松阳，我是个浑蛋。你和妈妈辛辛苦苦地供养我读完大学，我却逼着你们买房子！我是个浑蛋啊！”最终，松阳的爸爸醒了过来，但是永远地瘫痪了！

此后，松阳毅然决然地和李云分手了，他再找女朋友的时候，第一个条件就是告诉人家自己没有房子，而且要每个月都给父母一些钱养老。终于，松阳找到了一个愿意和他同甘共苦的女孩子。这个女孩冰雪聪明，善解人意，她说："对于人生而言，最大的痛苦就是子欲养而亲不待。房子会有的，只是早晚而已，但是和父母只有一辈子的缘分，必须好好珍惜！"毫无疑问，他们生活得非常幸福，女孩把松阳的父母当成自己的父母孝敬，松阳对岳父岳母也非常好！

不管什么时候，我们都要对家人心怀感恩，因为没有他们就没有现在的我们。每个人的成长都离不开家人的关心、照顾和陪伴，所以，我们要永远地珍惜和家人之间的缘分和情意！

用包容理解之心对待另一半

男人和女人就像是两块棱角分明的石头，结合成为夫妻之后，便在一起不断地磨合，或者磨合好，或者磨合不好，无外乎这两种结局。磨合好的夫妻自此之后就有了自己幸福安稳的家庭，磨合不好的夫妻或者凑凑合合地过一辈子，或者全都打乱，统统重来。其实，即使是磨合好的夫妻，也无法做到像一个人面对自己的内心那样圆融，归根结底，这是两个完全不同的个体，不仅性格特点不同，而且成长经历、受教育的背景也是截然不同的。所以，这里所指的磨合好是相对而言的。只要两个人能够和睦相处，在生活中彼此依靠、相互扶持，那么就是磨合得比较好的夫妻。夫妻相处是一门学问，需要我们用心地去感悟。在婚姻生活中，要想使彼此之间更多一些谅解和支持，包容是必须的。

和男人的粗枝大叶比起来，女人显得比较细心，在婚姻生活中，很多时候，女人更爱唠叨。然而，唠叨是婚姻的天敌。在女人无休止的唠叨声中，做丈夫的渐渐失去了耐心，直至开始厌恶妻子。由此可见，要想拥有一个幸福的婚姻，妻子首先应该更加包容地对待自己的丈夫，尽量少唠叨。然而，虽然道理人人都懂得，但是在现实生活中，还是有很多女人不能很好地控制自己，不能管好自己的嘴巴。男人起床之后没有刮胡子，女人唠叨；男人晚上睡觉之前

没有按照女人的要求把内裤洗好晾晒，女人唠叨；男人吃饭的时候不爱喝汤，女人唠叨；男人开车太快，女人唠叨；男人开车太慢，女人还是唠叨；男人工作清闲，女人嫌弃男人没出息，没有事业心；男人工作太忙，女人唠叨男人不爱惜自己的身体，不知道照顾家庭……在女人的口中，男人似乎不管怎么做都不够，不管如何改正，都是错误的。其实，遇到这种情况的时候，往往意味着问题并非出在男人身上，而是出在女人身上。对于女人而言，要想把男人改造成自己心目中的样子当然是不现实的，归根结底，男人和女人是来自两个星球的人；而且，假如男人完全按照女人心目中的样子来改变自己，那么他也就不成其为男人了。所以，女人要学会包容地对待男人，真心地接受男人的本来面目。

朱莉在一家大报社担任记者，因为工作需要，她不得不经常出差。朱莉的事业心非常强，经常要去外地完成采访任务，回到家里之后，她又忙碌着家务，日久天长，和丈夫之间的交流越来越少。

有一个周末，朱莉没有出差，所以就猫在家中充当一个贤妻良母的角色，陪伴丈夫和儿子。正当一家人其乐融融地看电影的时候，六岁的儿子忽然疑惑不解地问："妈妈，为什么你在家里的时候孟阿姨就不来玩了呢？""孟阿姨？"朱莉用探寻的目光看着丈夫，"谁是孟阿姨？"丈夫的脸突然红了，尴尬地解释说："小孟是我们单位新分配来的大学生，在我们部门工作。"看到丈夫窘迫的样子，朱莉没有再追问下去，只是哄着儿子说："哦，可能孟阿姨有事情吧，下次我们请孟阿姨来玩，好吗？"

虽然强颜欢笑，但朱莉的心里很不是滋味。一直以来，她都非常信任丈夫，而他却……朱莉的内心非常纠结，思前想后，心里特别难受，甚至想和丈夫大吵一顿，或者干脆离婚算了。过了很久，朱莉渐渐恢复了冷静。她开始反省自己。她一年到头总是出差，很少有时间照顾家庭，照顾丈夫和儿子。而且，迄今为止，她也没有确凿的证据能够证实丈夫和小孟之间的关系。假如不分青红皂白地和丈夫大吵大闹，反而显得自己小肚鸡肠了。

想到这里，她拎起包直奔菜场而去。晚餐她亲自下厨，做了几个丈夫最爱吃的菜，没让保姆动手。一顿融洽的晚餐之后，孩子玩了一会儿就睡着了。

朱莉终于可以安安静静地和丈夫待会儿。她偎着丈夫，温柔地说："我经常外出采访，一走就是一个星期，总是把孩子扔给你一个人，实在是太难为你了。我不在家的时候，你肯定会觉得寂寞，就像我孤零零一个人睡在旅馆里的感受是相同的。你知道吗？我出差在外的时候特别想你和孩子，对于我来说，只有你的肩膀才是我最坚实的依靠。假如没有你的支持，我的工作根本不可能取得成绩。"

丈夫沉默不语，怜爱地抚摸着朱莉的头。朱莉轻声地问："我们周末一起请她来家里吃晚饭吧？"见到丈夫面露难色，朱莉保证说："你放心吧，我绝对不会为难她的，因为为难她就是为难你。"

周末的时候，朱莉再次亲自下厨，做了很多拿手好菜。小孟来了，朱莉非常热情地款待她，而且拉着她的手问东问西的，俨然好姐妹一样。临走的时候，朱莉特意让丈夫留在家中看孩子，自己则独自一人把小孟送下楼。朱莉拉着小孟的手真诚地说："我啊，平时工作太忙了，对家庭照顾得不够，谢谢你常来家里照顾这一大一小两个男人。看你这样温柔可爱，哪个小伙儿娶到你可就太有福气了。好了，不远送你啦，有空的时候，欢迎你常来家里玩。"

朱莉的一席话让小孟羞愧得无地自容，同时为朱莉的大度感到万分感激。后来，朱莉把单位里一个非常帅气的小伙子介绍给小孟当男朋友，他们很快就结婚了，而且与朱莉夫妇成为了好朋友。

面对第三者的出现，大多数女人都会歇斯底里地吵闹。但是，朱莉非但没有大吵大闹，反而非常冷静。她之所以这么做，是因为她知道吵闹非但无济于事，反而会把自己的丈夫推向"第三者"的怀抱。所以，她选择用包容大度和温柔重新唤起丈夫心底的温情，从而成功地挽回了家庭的幸福。对于智者而言，包容是一件威力强大的法宝，不管是在家庭里还是社会中，它都能够给人带来意想不到的惊喜和收获！

唠叨、批评和指责是婚姻灭亡的加速器

很多时候，我们眼睁睁地看着一场幸福美满的婚姻走向终结，却不知道自己错在哪里。不得不说，这是莫大的悲哀。尽管人们都说夫妻相处是一门艺术，需要双方都作出很大的妥协和让步，但是，实际上，夫妻相处也是很容易的。只要把握好一些原则，那么夫妻相处就会变得更加简单。归根结底，牙齿总是不小心咬到舌头，夫妻之间没有不吵架的。假如不牵涉到原则问题，偶尔的争吵反而能使夫妻之间的相处更加和睦，增进彼此的交流和了解。当然，这一切都要建立在不涉及原则问题的情况下。

毫无疑问，生活是琐碎的，所以，很多夫妻的争吵并非因为有无法协调的矛盾，而是因为一些不起眼的小事情。不起眼到什么程度呢？或者是因为谁刷碗，或者是因为谁接送孩子上学放学，或者是因为春节的时候回谁家。细想起来，因为这些简单的小问题吵架简直是可笑，毕竟夫妻是要相濡以沫度过一辈子的。然而，事实的确如此，很多夫妻吵架都是因为这些微不足道的小事情。因为这些小事吵架的时候，要想控制事态的发展，最重要的是就事论事，不要因为这些小事而发展到上纲上线的地步，否则，就会无法收拾。很多时候，男人的思维模式和女人是不同的，女人喜欢叨唠，但是男人最讨厌听到女人的唠叨。这主要是由男人和女人的心理特点不同导致的。通常，女人唠叨只是一种情绪的发泄，仅仅需要一个倾听者，但是男人与此截然不同。对于男人而言，既然一个问题被提了出来，那么就要去解决这个问题。所以，女人的漫不经心的唠叨总是让男人抓狂。因为男人自古以来的主宰位置，所以大多数男人都特别爱面子，他们无法忍受女人的批评和指责，这对于他们而言简直是无法忍受的！因此，我们可以这么说，唠叨、批评和指责是婚姻的死穴。要想婚姻生活幸福美满，作为女人，就一定要避免点到这三个死穴。

实际上，在了解男人的心理特点之后，你会发现与男人交往原本是很容易的。男人的思维是粗线条的，他们不喜欢磨叽和唠叨。对于他们而言，一就是一，二就是二，没有介于中间的模棱两可的答案。所以，女人应该学着适应男人的思维方式，这样才能更好地和男人相处。

一一和华丰是大学同学，他们是自由恋爱并且结婚的。原本以为对于自由恋爱的情侣而言，婚后的生活一定是比蜜更甜的，想不到的是，他们结婚没多长时间就开始无休无止地争吵。这种争吵严重破坏了他们之间的感情，使一一有种痛不欲生的感觉。

就这样，他们争吵了三年，在此期间，孩子诞生了。当他们又一次因为小事而争吵的时候，一一一气之下离开了家。经过彻夜不眠的思索，一一决定离开华丰。但是，当一一回到家之后，看到孩子那天真灿烂的笑脸，她身上的母性复苏了，她又开始犹豫了。

为了改变现状，一一决定再给彼此一个机会，她去看心理医生，希望心理医生能够帮助自己找到问题的答案，为什么相爱的两个人不能很好地相处。见到心理医生之后，一一把家庭的情况全都倾诉了出来，她说："不知道为什么，我整天都特别烦，我不仅要上班，还要照顾孩子，还要做家务。但是华丰呢？他就像没结婚的时候一样惬意，有的时候，我让他帮我拖地，他就拖得像是大花脸似的。我让他帮我给孩子冲奶粉，他不是冲稀了就是冲稠了，从来没有恰到好处的时候。即使我每天晚上都提醒他睡前刷牙，他还是忘记。而且，他总是丢三落四，让他下班回家的时候买点儿菜带回来，他要不忘记，要不买回来一堆烂菜。"

听着牢骚满腹的一一的倾诉，心理医生让她把华丰约到心理门诊。心理医生单独见了华丰，不出他的所料，华丰的表述和一一截然相反。华丰说："自从结婚之后，我就深受打击，觉得自己什么也不是。我不是懒惰，而是不管我干什么，得到的都是一一的指责。我拖地，她嫌弃我拖得不干净；我给孩子冲奶粉，她不是嫌弃稀了就是嫌弃稠了！假如婚姻生活就是把我打击得体无完肤，那么我宁愿不要所谓的爱情。"

查清了症结所在之后，心理医生对一一说："男人和女人是不同的，男人比较粗线条，而女人则显得更加细腻。所以，在生活的很多细节方面，都是由女人照顾男人。而且，男人很难记住女人所关注的那些细节，因为他们亘古以来就负责外出狩猎，而不是照顾家庭。因此，你应该给华丰更多的空间，假如你总是频繁地对他提出很多细节方面的要求，那么他就会不厌其烦。"心理医生对华丰说：“女人天生就有筑巢的本能，她们自古以来就负责留在家中照顾孩子，所以，她们更多地关注细节。因此，你很难让一一在短期内变得不那么唠叨，因为这是大多数女人的通病。对于一一的唠叨，你可以当成是她的一种发泄，只要取其精华去其糟粕就行了。”

听了心理医生的建议之后，一一和华丰都开始积极地调整自己的心态，为了拥有一个幸福的家庭，为了能给孩子一份安稳的生活。他们俩向着一个共同的目标不断地努力，最终顺利地完成了婚姻的转折，他们的婚姻生活变得越来越融洽，越来越和谐。

从这个事例中我们不难发现，唠叨、批评和指责是婚姻的死穴。要想拥有一份和谐稳定的婚姻生活，我们就必须避开死穴，尽量体谅和理解对方！

第 9 章

包容是一种领悟：改变视角发现新的天地

一千个人的眼中就有一千个哈姆雷特，每个人眼中都有一个独特的世界。因为看待世界的角度不同，你会发现世界的美也截然不同。你希望看到怎样的世界，就要使自己拥有怎样的视角。我们无法改变世界，但是可以使自己具备一双欣赏世界的眼睛。

用包容之心体悟生活的美好

每个人都有自己的生活方式，有的人整日忙忙碌碌，四处奔波，忙得没有时间照顾家庭，没有时间体味爱情，更没有时间悠闲地享受生活。当身体终于因为不堪重负而罢工的时候，他们才突然领悟到人生的真谛，意识到自己的忙碌其实没有太大的意义。相比之下，有些人则过着安逸悠闲的生活，充分地享受人生，享受美好的生活。尽管没有那么忙碌，尽管拥有的不多，但是他们的幸福感非常强。这是为什么呢？主要是因为这两种人对待人生的态度不同。

人生就像一趟旅程，不知道何处是终点，最重要的在于过程。既然如此，我们便没有必要使自己匆忙地往前奔。偶尔停下来，欣赏沿途的美景，岂不也是一种收获？很多富人在离开这个世界的时候都觉得很后悔，因为他们觉得自己的一生始终忙于追求财富，终了才知道财富是身外之物，因而后悔没有抽出更多的时间陪伴自己的家人，陪伴孩子的成长。那么，对于人生而言，最重要的到底是什么？虽然每个人都有不同的答案，但是有一点是肯定的，即并非身外之物。所谓身外之物，指的是金钱、财富、物质。假如把金钱作为单纯的人生目标，那么即使拥有再多的钱，人生也必然是苍白的。相比之下，如今很多世界级的富豪都把自己的钱财用于做善事、救助需要帮助的那些人们，以此实现自身的价值，这远比一味地挣钱更有意义。诸如，美国著名投资理财专家巴菲特在遗嘱中宣布，将会把自己超过300亿美元的个人财产捐出99%给慈善事业，以便能够为计划生育方面的医学研究提供资金以及为贫困学生提供奖学金。世界首富比尔·盖茨也在遗嘱中宣布拿出98%的财富给自己创办的以他和妻子名字命名的“比尔和梅林达基金会”，这笔钱专门用于研究艾滋病和疟疾的疫苗，并且为世界贫穷国家提供各种各样的援助。因为这种公益行为，比尔·盖茨和巴菲特更好地实现了自己的人生价值，体会到了生命的真谛。当然，我们只是普通的凡人，没有显赫的家产可以去大范围地救助别人，但是，我们仍然可以更好地安排自己的生活。不要盲目地往前冲，而应该用心地观察这个世界，了解人性的美好。很多时候，不仅仅是陌生人，我们身边的亲人更需要我们的关心，假如因为忙碌而忽视了他们，那么无疑是最大的损失。

自从大学毕业之后，为了创造美好的生活，明达就像上紧了发条的闹钟一样，一刻不停地嘀嘀嗒嗒地走着。毕业第三年的时候，他就凭着自己的努力成了房奴；毕业第六年的时候，他给了女友一个盛大的婚礼，使其成为自己的妻子。结婚次年，他成了孩奴；紧接着为了便于带孩子出行，他又成为了车奴。房子、孩子、车子，就像是三座大山一样压在他的心上，使他一刻也不敢停歇。因为是做业务的，为了提升自己的销售业绩，他不断地公关，到处请客户吃饭、唱歌，每天都要到凌晨才回家。

对此，他的妻子杜梅数次提出了反抗的意见。然而，明达以“人在江湖，身不由己”为借口搪塞了。杜梅每天一个人辛辛苦苦地带孩子，而且要操持家务。最重要的是，因为明达回家的时间很晚，所以与杜梅之间的交流越来越少，在不知不觉之间，杜梅的情绪越来越压抑，甚至到了抑郁的程度，然而明达却毫不知情。一天晚上，明达回家的时候突然发现家里空空如也，杜梅不在家，孩子也不在家。往日生机勃勃的家突然之间变得死气沉沉，明达在茶几上看到了杜梅留下的信。杜梅倾诉了自己的苦闷，说不愿意再继续这样的生活，与其这样，不如自己一个人带孩子生活，至少不用每天晚上煎熬地等待他的归来。明达的心不由得震颤了，他这才意识到自己已经忽略妻子和孩子太久了。尽管他说自己工作的动力就是给妻子孩子更幸福的生活，他却无意间深深地伤害了妻子的心，也错过了孩子成长的过程。明达请了年假，到千里之外杜梅的家乡去寻找杜梅和孩子。在那个偏僻的云南乡村，明达第一次静下心来观看日出和日落，认真地陪伴孩子玩乐，他突然发现，这种生活简直太美好了。明达发自内心地改变了，他向杜梅承诺，回到北京以后马上就换一份工作，确保每天能够按时回家，周末的时候可以陪伴妻儿。

生活改变之后，明达发现自己整个人生都不同了。以前的他整日步履匆匆，甚至从来没有陪伴妻儿去过一次公园。如今的他每天都要陪伴孩子一起入睡，给孩子讲故事，周末的时候一家人其乐融融地四处游玩。虽然收入比以前少了，但是明达觉得这种生活简直太幸福了，内心的幸福感是无法言说的。明达很庆幸，是杜梅的离开使他找到了人生的方向。他简直不敢想象，假如之前的那种生活持续下去，他将会错失多少生命的美好！

生活的方式有很多种，然而最终的目的都是相同的，即享受生命的美好。这是如今的人们经常讨论的一个问题：如何调和工作与生活之间的关系？首先，我们必须认识到生活是本质，而工作则只是拥有美好生活的一个手段。这样想来，假如因为忙碌的工作而无暇体悟生活的美好，那么这样的工作就是没有意义的。现代社会的生活节奏越来越快，人们的生活压力也越来越大，很多人因为忙于工作而不顾惜自己的身体，不关心自己的家人，得到与失去，孰多孰少呢？其间的利弊我们必须用心权衡，毕竟，工作的目的在于更好地生活。停下来，气定神闲地享受美好的人生，感悟生活的美好！

为自己而活

在生活中，很多时候，我们过于在意别人的看法和感受，甚至忽略了自己的需要。这样的人生难免过于委屈，使人无法真实地做自己。其实，别人对你的评价只是一种建议和参考，无法影响和决定你的人生。要知道，活着并不是为了别人，而是为了自己。如果一个人匆匆忙忙地过完了一生，最终却发现自己始终生活在别人的掌控中，那将会是一种怎样的感受？他肯定会有很多遗憾，发现自己想做的事情都没有做，感叹自己白活了。

每个人都要有自己的思想，要坚定地做最真实的自己。很多人过于在意别人的评价，导致自己的心情或阴或晴，总是随着别人的点评而改变。有些人过于在意亲人和爱人，一切都以他们的需要为出发点，变得唯唯诺诺，失去了自己的主见。有的人忙于工作，为了得到领导的好评，忍辱负重，艰难前行。

也许他们直到生命的最后一刻才能意识到，别人的评价什么都不是，家人和爱人的需要也未必是非满足不可的，领导的评价更是过眼烟云，而没有做过自己的遗憾却是最真实地存在着，然而，为时晚矣。因此，我们要在拥有生命的时候坚定地做自己想做的事情，爱自己最爱的人，为了生活得更加幸福而努力工作，而并非为了领导一句随口的表扬。其实，在生死面前，不管是家人、爱人还是朋友，终究都是过客，每个人的一生都需要自己坚持走完。在生死面前，我们必须对自己有个交代，使自己感觉到人世间的这遭旅程是值得的。

上帝创造了三个完全不同的人。他问第一个人："到了人世间，你计划如何度过一生？"第一个人沉思片刻，说："我要充分利用生命去享受。"

他又问第二个人："到了人世间你计划如何度过一生？"第二个人想了想，说："我要充分利用生命去创造。"

上帝又用同样的问题问第三个人："到了人世间，你计划如何度过一生？"第三个人非常慎重，想了很长时间，才回答说："我既要享受人生又要创造人生。"

在上帝的评分标准之下，第一个人和第二个人都只得了60分，算是勉强及格；同时，上帝非常慷慨地给第三个人打了100分，他觉得第三个人创造和享受兼顾，是最完美的人。为此，他决定多多创造一些和"第三个人"同类型的人去世间。

第一个人的占有欲和破坏欲很强，在世间为非作歹，无恶不作。为了拥有更多的金钱享受生活，他不择手段，拥有了无数的财富，生活非常奢靡。最终，因为作恶太多，他得到了应有的惩罚，在人们的鄙视和啐骂之中离开了人世。

第二个人具有奉献精神，因此，总是不遗余力地拯救那些堕落的人们，帮助那些需要帮助的人们。虽然付出了很多，但他从来不要求别人回报他。为了追求真理，他承担了很多误解，甚至不惜付出自己的生命，渐渐地，人们都非常尊重和敬仰他。在人们的赞美声中，他离开人间，永远活在后人的心里。

第三个人非常普通，他是一个中庸者。他来到人世间之后表现平平，丝毫不引人注意。他像大多数人一样建立了属于自己的家庭，过着充实而又忙碌的生活。在离开这个世界的时候，他的亲人们悲痛欲绝，而其他大多数人则过着自己的生活。

人类为第一个人打了0分，为第二个人打了100分，为第三个人打了60分。这个分数，才是他们的真正得分。

从表面上看来，大部分人都可以归入这三种类型的人之中。但是，对于这三种人，上帝的打分和人类的打分却完全不同。因此，人类说："这是上帝的失误！"遗憾的是，人类无法听到上帝的回答。对于这个现象，他们不得不给自己一个合理的解释，即人要为自己活，而无须在乎上帝的标准。

在这个故事中，上帝其实也指代生活中的其他人，而相比之下，每个人对于自己的评价才是最重要的。毕竟，我们内心深处对于生活的感受是别人无法左右和控制的，在离开这个世界的时候，我们唯一需要做的就是给自己交出一份满意的答卷。至于其他的事情，则留待后人评说。

看淡得失，才能活得更快乐

生活是琐碎的，每个人的记忆之河中都承载了无数的往事。有些往事使我们感到温暖，在回想起来的时候，你会觉得世界充满了爱；有些往事使我们备受激励，在回想起来的时候，你会觉得浑身都充满了力量；而有些往事则使我们觉得彻骨地寒冷、深深地绝望，在回想起来的时候，你会觉得心中充斥着憎恨，甚至沮丧绝望。对于给我们带来正面能量的往事，我们应该记住，用它们时时激励自己；对于给我们带来负面能量的往事，我们应该学会遗忘，只有这样，我们才能享受到更多的快乐。人生就像是一趟旅程，假如你的行囊中背负了太多的东西，那么你就会觉得无比沉重，甚至因此而止步不前。因此，我们应该学会减轻自己心灵的负担，这样才能轻松前行。

在学习的过程中，我们希望自己有个好记性，能够记住老师所教授的知识。然而，在生活的过程中，我们希望自己记性不好，因为记性不好的人有着一颗赤子之心，每天看待生活的视角都是新鲜的。尤其是在受到伤害的时候，大多数人选择深深地记牢，然后伺机为自己报仇雪恨。然而，这并非一种好的选择。因为记住仇恨对于我们自身而言也是一种莫大的伤害。因为记性太好，我们把本应该当天就忘记的伤害牢牢地记住了一年、十年，甚至是一生……而及时忘记的人呢？他们虽然受到了伤害，却在第一时间把这种伤害控制在最小范围内。因为忘记，他们得以彻底解脱自己，使自己心无牵挂地奔赴美好的未来，享受生活。由此可见，要想使自己拥有快乐的生活，我们就必须学会遗忘。

李静有一个很爱自己的老公，生活得非常幸福。不过，近来她和老公总是吵架，起因是婆婆。李静和婆婆的关系一般，主要是因为有代沟，而且生活习惯不同，所以见面了像客人一样客客气气的，平日里打打电话。

去年春节回老家的时候，李静给婆婆买了一条金项链，但是，婆婆刚刚戴了一天，就不小心把项链弄丢了。李静非常生气，毕竟这是她送给婆婆的礼物，而且价值不菲。尤其是在农村，都是儿媳妇向婆婆要金银首饰，哪有儿媳妇送婆婆金银首饰的呢？李静觉得心里很不痛快。过年的时候，婆婆没有经过他们的同意就把他们新买的车允诺给邻居家儿子当婚车使用，李静气得和婆婆大吵一架。虽然春节已经过去了，李静一家三口也已经回到了上海的小家，但是李静只要一想起这事就气不打一处来，还总是在老公面前叨唠这件事。刚开始的时候，老公还好言相劝，并且说以后不给父母买贵重东西了，而且丝毫没有偏袒自己的母亲，承认母亲把车私自借给邻居用是不对的。但是，时间长了，老公也渐渐地烦了。等到李静再提起这件事情的时候，老公就会很不耐烦地说："你的记性可真好啊，打算记一辈子吗？"一次争吵之后，李静和自己的好姐妹说了这件事情，姐妹连声责备李静说："你可真是糊涂啊，事情已经过去了，项链也丢了，车子人家也用过了，你难道还要因为这件事情影响你们的夫妻感情吗？"真是一语惊醒梦中人，李静不由得吓出一身冷汗：事情已经过去了，除了伤害夫妻感情之外，翻来覆去地说真是没有任何好处。再怎么说，婆婆也是辛辛苦苦才把老公养大的，换了自己，即使亲妈再怎么不对，也不愿意总是指责和批评。从此以后，李静再也没有说过关于婆婆的事情，还像以前一样，隔三岔五地给婆婆打电话表示问候，和老公的感情也恢复如初，再也不吵架了。

婆媳关系是最难相处的关系，因为婆婆和媳妇总是在争同一个男人。然而，婆媳关系又是必须处理好的，否则，男人就会变成双面胶，整天受到亲妈和媳妇之间的夹板气。李静和老公的感情原本很好，就是因为她总是在丈夫面前指责婆婆，以致与丈夫频繁吵架。幸运的是，闺密的话及时地点醒了她。要想和婆婆相处好，最好的办法就是记住婆婆的好处，忘记婆婆做得不周到的地方。

其实，不仅婆媳关系需要如此处理，即使是和普通的朋友之间，也同样需要学会遗忘。人非圣贤，孰能无过，而且，因为生活环境和成长背景的不同，人与人在相处的时候难免会产生一些摩擦。遇到这种情况的时候，倘若心胸狭隘，对对方做得不对的地方耿耿于怀，最终只能导致自己身边的朋友越来越少。记住，相处之道就是记住别人的好处，忘记别人的不好，这样除了能够使人际关系变得更加融洽之外，还能使自己的生活变得更加快乐！

只有永远的利益，没有永远的敌人

英国首相丘吉尔曾经说过，“没有永远的朋友，也没有永远的敌人，只有永远的利益。”在经济多元化发展的今天，除了国与国之间以外，人与人之间也讲究外交，人们更是十分尊奉这句话。古人也曾经说过，多个朋友多条路，多个冤家多堵墙。在现实生活中，很多事情都是无法预测的，人们难免会遇到一些意外，此时，倘若能得到朋友的相助，自然能大事化小，逢凶化吉；但是如果被敌人背后下刀子，则会导致事情更加恶化，甚至酿成恶果。因此，在人际交往的过程中，我们千万不要轻易树敌，在利益关系面前，即使面对敌人，也应该借机化解恩怨，与之成为朋友。如此一来，相当于给自己拆了一堵墙，添了一道阳光大路。

就连古代的大奸臣秦桧也有自己的好朋友，由此可见朋友对于人们的重要性。人是群居动物，也是感情动物，可以说，任何人都需要有自己的朋友，否

则就太孤独了。如今，不仅国与国之间的分工合作越来越密切，交往越来越频繁，随着社会的发展，分工越来越精细化，人与人之间也需要不断合作。在这种环境下，假如孤军奋战，是肯定无法获得成功的；只有与别人通力协作，才能距离成功越来越近。

在莫斯科红场上，55个国家的政要曾经齐聚一堂，举行了一场隆重而又沉重的聚会。在济济一堂的会场上，人们想起了60年前后方妻儿绝望的呜咽和前方士兵凄厉的号叫，眼前浮现出60年前遍布全球的惨绝人寰的战争场景。

那场战争不仅将60多个国家、全世界80%的人口都卷了进来，而且导致5500万人死亡，成为整个人类文明史上永远的耻辱。为了重建一个和谐的整体世界，各个国家都参与了这场沉重的纪念活动，不仅是为了谴责罪恶，也是为了反思历史，更是为了更好地友好相处。这场活动，不仅战胜国参加了，战败国也参加了，面对世界一体化的现代局势，各个国家之间摒弃前嫌，再次展开合作。在共同的利益面前，它们从敌人变成了朋友，或者至少是合作的伙伴。

尽管战争的爆发是很多因素导致的，但是有一点是确定的，即没有任何民族天生就是侵略者，也没有任何国家天生就是受害者。在两次世界大战中，意大利曾经进行了角色转换。意大利经过一段时期的辉煌之后，在20世纪初沦为“贫穷的帝国主义”，为此，他们想方设法地想要扭转败局，最终为墨索里尼法西斯上台提供了条件，使意大利成为“二战”中的法西斯轴心国之一。此外，还有以希特勒为代表的德国纳粹党，也给人们带来了深重的灾难，使无数人饱受战争之苦。

然而，尽管曾经在“二战”中打得头破血流，但是，“二战”之后，欧洲战胜国还是采取了很多策略，最终促成了如今新欧洲和平共处的局面。1947年，英国首相丘吉尔在回答统一欧洲的问题时说：“我们的目的在于促成所有欧洲国家的团结。任何国家，只要它的领土在欧洲，只要它能够保证自己的人民获得基本人权和自由，就是我们所欢迎的。”事实证明，“二战”后，整个欧洲的人民完美演绎了人类历史上对意大利和德国的包容、和解与发展。

如今，距“二战”结束已有七十余载，世界仍然面临着很多新的挑战，危机重重，要想维护和平，必须拥有智慧和包容的精神。经济全球化使世界的居民们更清晰地看到一个亲密接触的网络，一个和解、合作与互利的美好未来。要想实现这一点，必须实现包容与对话、平等与互利。正如丘吉尔曾经说的，在国际政治中，只有永远的利益，没有永远的朋友。在全球合作日益频繁的现代社会，在国际政治中，只有永远的利益，没有永远的敌人。

如今是和平时代，战争带给整个人类的痛苦还记忆犹新。要想实现世界的和平发展，各个国家之间就要包容和理解，即使是曾经敌对的国家，也要尽释前嫌，实现平等的合作。

人际交往也是如此，恨别人并不相当于惩罚别人，然而，憎恶之心却堵住了自己的一条路。与其选择与别人为敌，不如选择与别人为友，毕竟双赢才是我们愿意看到的局面。

包容是一种无声的教育

在别人犯了错误的时候，我们往往本能地去指责别人，然而，这样做的结果总是事与愿违，对方非但没有任何好转，反而因为不服气、叛逆而更加变本加厉。其实，要想使人们改变，并非只有指责这一种方式，有的时候，反其道而行之，包容反而能够起到更好的效果。从某种意义上说，包容是一种无声的教育，就像春雨一样滋润人们的心田，使人们心甘情愿地改变自己。这是为什么呢？每个人都有自尊心，对于自尊心比较强的人来说，指责会使他们觉得颜面尽失，甚至产生破罐子破摔的想法，如此一来，自然也就不会让指责他们的人如愿以偿了。对于他们而言，面子问题是很重要的，相比之下，包容恰好迎合了他们的心理，给予了他们一个主动改正错误的机会。既然如此，他们又何乐而不为呢？

人是感情动物，包容是人类最美好的感情之一。只有以包容的方式，人们才能从心底里改变别人，使人心甘情愿地改过自新，这是指责和惩罚的手段所远远不及的。“唯宽可以得人”，包容不仅是给别人留面子，也是给自己留回旋的余地。在包容别人的同时，你自己也能有更多的空间处理事情，而不至于

把自己和别人都逼入无法转身的死角。因为你的包容，在某些时候，别人也会以包容来回报你，使你能够从容地处理问题。由此可见，包容是一件对彼此都有好处的处理方式。

心胸狭隘的人很难包容地对待别人，所以，要想使自己具有包容的美德，首先要使自己变得心胸开阔。古人云，宰相肚里能撑船，只有不与人斤斤计较，才能宽以待人。包容使人与人之间多了一分理解，少了一分误会，多了一分和气，少了一分暴戾。

张琦是一名中学教师，脾气比较古怪，人称“张老邪”。不过，了解张老师的人都知道，他是一个面冷心热的人，虽然表面上待人冷冰冰的，其实非常真诚。作为老师，他总是做出一些出人意料的举动，给学生们的心灵带来极大的震撼。

一天晚自习的时候，张老师去班级里巡视。突然之间，他发现班级的垃圾篓里有一块吃剩了的面包。他让全班同学停止上自习，看着他，然后，他就从垃圾篓里捡起面包，当着全班同学的面吃掉了。同学们全都瞠目结舌地看着他，不知道应该说什么，更不知道应该做什么。足足沉默了几分钟之久，班级里一个叫李英的同学哭了起来，主动站起来向老师承认错误，说自己不该浪费粮食。张老师吃完面包静静地看着同学们，在李英同学主动承认错误之后，他一句话也没说就离开了教师。自从发生这件事情之后，同学们惊讶地发现，再也没有人浪费粮食了。同学们都把没有吃完的零食包裹好，等到饿的时候再吃。

某一日的晚上，方丈在禅院里散步的时候，无意之间发现墙角边里一张椅子。方丈知道，肯定是小和尚违反寺规偷偷溜出去玩了。不过，方丈没有声张，他移开椅子，自己蹲在远处等这个小和尚回来。凌晨时分，一个小和尚急急忙忙地翻墙而过，突然，他觉得自己脚底下软软的，根本不像是坚硬的椅子。

当他双脚落地的时候，才发现自己刚才踏的不是椅子，而是方丈的后背。小和尚手足无措，方丈却关切地说：“天很晚了，赶紧去休息吧！”次日，小和尚提心吊胆。但是，几天的时间过去了，方丈还是什么也没有说。从此之后，小和尚再也不偷偷跑出去玩了，他发奋努力，成为了方丈的接班人。

在第一个事例中，虽然张老师一句话都没有说，但是他以自己的言传身教和包容给学生们上了深刻的一课，不仅在自己的班级里引起了轰动，甚至传遍了全校，使全校的同学都受到了教育。这种无声的教育，远比一次次地批评和指责学生效果更好。在第二个事例中，方丈的包容大度使小和尚更加深刻地反思了自己，从而主动改正错误，发奋努力。由此可见，包容是一种无声的教育，而且包容的力量远比指责和批评更加强大。

其实，不仅老师对待学生如此。在人际交往中，在亲人之间、朋友之间、爱人之间，包容的态度都比严厉的责罚更能让人发自内心地改悔，更能产生震撼人心的力量。

换个角度看世界

北宋诗人苏轼被由黄州贬到汝州任团练副使的时候，途经九江，得以游览庐山。在观赏了庐山的秀丽风景之后，苏轼提笔写下了流传千古的《题西林壁》。诗中写道："横看成岭侧成峰，远近高低各不同。不识庐山真面目，只缘身在此山中。"这首诗的前两句描述了庐山从不同侧面观赏的时候各具特色的景致，后两句表达了自己无法一览庐山真面目的遗憾心情，以及对待自己身在山中视野局限的清醒认知。虽然这首诗的本意是描写从庐山不同角度观赏到的美丽景色，但是，也从某些方面折射出了苏轼的人生态度。苏轼一生为官四十多年，生活非常困顿，而且屡遭贬谪。被贬黄州的时候，因为生活条件非常艰苦，所以萝卜青菜成为他的主食，但是他始终食之如甘饴，甚至还常常以粗粮野菜度日，自诩为"煮蔓菁芦菔苦荠而食之"，并且为其起了一个文雅的名字——"东坡羹"。从此不难看出苏轼积极乐观的人生态度和百折不挠的坚毅精神。正是因为如此，他才给后世留下了众多豁达开朗的著名诗句。

现代社会之中，人们在生活中也会经常遇到一些不如意的事情。在遇到坎坷和挫折的时候，人们难免会悲观失望，但是，假如一味地自暴自弃，那么结

果定然更加恶劣。相反，面对困难的时候，我们应该跳出事外，换一个角度看事情。如此一来，也许就会有新的思路、新的解决问题的方法。从辩证唯物主义的观点来说，凡事都有两面性，既没有绝对的利益，也没有绝对的弊端，因此，凡事都是有利有弊的。即使是一件糟糕的事情，假如你能够多角度看待，那么你就一定能够看到事情有利的一面，从而使自己更加理智地处理和解决问题。从另一个方面来说，悲观、失望和沮丧是于事无补的，与其悲观绝望，不如积极地想办法解决问题，也许还能柳暗花明。总而言之，在遭遇困顿和绝境的时候，我们应该擦干眼泪，微笑着寻找一线生机。

战国时期，有一位老人叫塞翁。塞翁特别喜欢养马，因此养了很多马，但是有一天，一匹马趁其不备从马厩中走失了。听到这件事情之后，邻居们都来安慰他不要太着急了，年龄大了，应该以身体健康为重。出人意料的是，塞翁并没有像人们所担心的那样非常伤心，而是笑了笑说："丢了一匹马的损失还是可以承受的，而且，没准还会给我带来福气呢！"听了塞翁的话之后，人们大惑不解，心里暗自好笑。马丢了，无疑是件坏事，他却觉得也许是好事，应该是碍于面子在自我安慰吧！但是，几天之后，使人们更感惊讶的事情发生了，那匹丢失的马不仅回到家中，还带回来一匹非常好的骏马。

得知此事之后，邻居都为塞翁感到高兴，而且对塞翁的预见佩服得五体投地。他们赶紧赶去塞翁家中向其表示祝贺："您可真是有远见啊，马不仅自己回来了，还为你带回一匹好马，真是天大的福气呀！"塞翁再次使人们感到惊讶，因为他非但没有感到高兴，反而一反常态地叹了口气，忧心忡忡地说："平白无故地多了一匹好马，未必是福气，也许还会惹出麻烦来呢！"邻居们心想，塞翁的心思可真深啊，即使心里欣喜若狂，面上还是装作若无其事的样子。

塞翁有个独生子，和塞翁一样特别喜欢马，而且非常喜欢骑马。他发现带回来的那匹马膘悍神骏，顾盼生姿，心想这肯定是匹好马。因此，他每天都骑着这匹马外出游玩，非常得意。一天，因为打马飞奔，他一个趔趄从马背上跌下来，把腿摔断了。邻居听说这件事情后，纷纷过来表示慰问。塞翁却说："虽然腿摔断了，但是性命无虞，也许是福气吧！"邻居们越来越觉得塞翁的脑子不太正常，说话总是不符合常人的思维，无论如何，他们也不觉得独生子摔断了腿是有福气。不久之后，匈奴兵大举入侵，十里八村的青年人都被应征入伍，但是，塞翁的儿子因为腿断了卧病在床，无法去战场上杀敌。入伍的青年都在战场上为国捐躯了，只有塞翁的儿子侥幸保住了性命。

从上面的故事中，我们不难得出一个结论，即凡事都有利有弊。很多事情，从表面看是有福之事，却可能与祸患相依。很多事情，从表面上看来无异于倒霉之事，却能为人带来意想不到的福气。因此，遇到高兴的事情时，我们不如淡然一些，以免乐极生悲；遇到悲伤的事情时，我们不如保持积极乐观的心境，也许幸福就在拐弯处。不管什么事情，只要能够换一个角度看待和思考问题，就会有完全不同的发现和思路。因为眼光不同，你所看到的世界也是截然不同的！

第 10 章

越包容越幸福：家就是不同个体的融合器

因为有家，我们不再孤独；因为有家，我们的人生充满更多的意义。幸福的家庭总是充满着和谐之音和欢声笑语：长幼间母慈子孝，夫妻间相敬如宾，兄弟间见利不争。一个幸福的家庭必定是个相互包容的世界。同在屋檐下，家庭成员间难免会因为生活小事磕磕碰碰，一颗包容的心在其中起到了调节的作用：婆媳间的包容让婆媳放下成见，和睦相处；夫妻间的包容让婚姻成为爱情的升华而不是坟墓；兄弟之间的包容不再让金钱利益成为亲情间的情感障碍。就如哲人所说，家的声音是种容纳，越包容才会越幸福！

包容是一份沉甸甸的家庭责任

人生就是航行，我们就是海上的一叶扁舟，无论我们漂到哪里，家永远是我们停泊的港湾。累了，我们回家歇一歇；受了委屈，我们回家倾诉；遭了挫折，家中有鼓励我们的亲人。是家，给我们关爱；是家，给了我们奋斗的后盾。没有家，我们永远孤独飘零。所以，对于家，我们要做到的不仅是索取，还有给予，这是一种责任。我们要对家庭负责，珍惜家庭，包容我们的亲人，因为包容是一种责任。

身为父母，我们应该对孩子包容，不要因为他在生活中给你带来麻烦而大发雷霆，不要因为他犯了错去惩罚他，惩罚并不是家长的责任，包容才是。父母对孩子的理解和关心，也意味着要包容孩子的错误，允许孩子犯错。尤其对于爱犯错误的孩子来说，父母的包容是他心灵的港湾和希望。是孩子就可能会犯错误，父母要给他改错的机会。每个孩子都是在不断地犯错、认错、知错、改错的过程中成长的。不管他做错了什么，你都要包容他，让他知道你是爱他的，这就是一种责任。

前两天，小云的孩子在沙发上快乐地转着“乾坤圈”，只听“哐当”一声，茶几上的新碗应声而碎，小云顿时火冒三丈：“你在干吗！老是爱犯错误！”孩子委屈地站到一边，泪水在眼眶里打转，整个下午都闷闷不乐。

孩子打碎了碗，知道闯了祸，心里很恐惧。看到孩子怯生生的表情，小云一想：“大声地责骂，对一个三岁的孩子，他承受了那么大的心理压力吗？这种不经意的训斥会拉大我与孩子的距离。”她想到这里，觉得自己刚才的行为有点过激了，就主动亲近孩子，向他道歉，孩子这时候忘却了母亲刚才愤怒的面孔，扑到了小云怀里。

对于母亲来说，关爱孩子、教育孩子是一种责任，而关爱他们就需要包容。所以，为了责任，我们要包容孩子。在日常的生活中，你还在因为孩子撕碎了你心爱的书籍、由于好奇拆开了你的遥控板而怒目圆睁、教训他吗？包容你的孩子吧！

生活中，我们还看到有很多女人凑在一起就数落自己丈夫的种种不是，总觉得别人的老公似乎比自家的好。其实不然，家家都有本难念的经，只不过有的人会念这本经。面对现实，找到最佳念经方式，那就是彼此多一些包容，这也是一种爱的责任。

有一对老夫妻，恩恩爱爱，几十年如一日，夫妻双方从来都是出双入对，让周围的街坊邻居羡慕得要死，说他们简直是一对连体婴儿。老太太长年心脏不好，老爷爷每天端茶倒水；傍晚时分，当大家吃罢晚饭，老两口总是牵手而行，沐浴着夕阳斜光。可是，天有不测风雨，人有旦夕之祸。一天，老太太突然心脏病复发逝世了，老爷爷哭得十分悲切：你是最好的女人，下辈子我还娶你。你对我一生中无数次过错的包容，让我永远都亏欠你的，只有来生回报……据说，老爷爷年轻时风流韵事不少，但一次次都在妻子的包容中走过来了，两人终于白头到老。

在婚姻的征途上，越想索取得多，失去得就越多。常怀一颗对爱人的包容之心，少一些小心眼，多一份信任，少一点自私，爱人不是自己的私人财产，应该给他空气，给他自由的空间，这样才不会令爱情因窒息而死亡。多给爱人一些包容吧，这是一种责任。

老赵和妻子都爱打乒乓球，在厂里的每一届运动会上，他俩总能分别拿到不错的名次。老赵本以为，他和妻子搭档，在混双项目上定能所向披靡。但数年以来，这一奖项一直与他们夫妇无缘。原因很简单，并非实力问题，而是他们在输了不该输的球时，总会相互抱怨而影响成绩。往年比赛中妻子的指责让老赵历历在目，他也懒得再与妻子做搭档了。最后，妻子找了一位球技中上的男同事搭档，老赵则选了一位去年刚到单位的女大学生。

一路过来，老赵和他的新搭档“杀”得兴高采烈，“杀”得满场沸腾。兴奋之余，他突然想，妻子会作何感想？大学生技艺一般，可和自己配合得天衣无缝，即使失手丢球，相互间也只有鼓励与信任，“眉目传情”。这些，事后说不定会成为妻子说事儿的把柄。

然而意外的是，决赛时，老赵的对手竟然是妻子和她的同事，夫妻俩成了赛场上的对手。在决赛的整个过程里，妻子和她的同事配合得更为默契，也时刻在“眉目传情”。比赛拉锯式打得难解难分，最终，妻子和她的搭档以微弱的优势获得冠军。

当老赵看到妻子捧着奖杯时，他心中有一种失落感，不是为了比赛的失败，而是为了这些年和妻子之间的感情。原本，球场上自己和妻子都很优秀，但组合时总是矛盾重重。为何他们不能像对待别人，或像恋爱时一样对待自己的爱人呢？因为对方已是自己的爱人，所以就不必对其包容了吗？想到这里，老赵更是觉得内心很歉疚，他决定以后一定包容自己的妻子。

生活中，我们何尝不是和老赵一样呢？认为对方已是自己的爱人，就不再对其包容。这是一种不负责任的做法。婚姻需要责任感，这就需要包容。假如我们能做到；也许，我们早已捧回了更多的更为炫目的奖杯了！

所以，作为一个负责人的人，我们要学会包容，包容你的孩子，包容你的爱人，让家庭生活更加幸福！

婆媳关系如何协调

俗话说：“婆媳亲，全家和”。这话有双重含义：其一是说婆媳关系融洽与否直接影响着整个家庭中其他的人际关系，如夫妻关系、亲子关系、兄弟姐妹关系以及祖孙关系。其二是指婆媳关系是家庭内部人际关系中最微妙、最难处的一种关系。

可能很多女人对这一关系都很畏惧，因为婆媳关系的处理自古至今都是一个难题，婆媳之间的对立似乎已经是个定式思维。但是，世上无难事，只怕有心人。只要我们学会包容，摒弃婆媳之间的成见，良好的婆媳关系是可以建立的。

在漫长的封建社会，婆媳关系是一种不平等的关系，媳妇必须俯首听命于婆母，没有独立、平等的人格尊严。民间素有一种说法，“多年的媳妇熬成婆”，可见婆媳之间的不平等，也是一种恶性循环。现代社会中的婆媳关系平等了，可是婆媳之间的关系却更不好处理了。究竟是什么因素导致婆媳关系如此难以相处？我们应怎样处理好婆媳关系？这其中不可忽视的一点就是包容。

婆婆是丈夫的母亲，从你们结婚的那一刻起，她也就是你的母亲。对待母亲，我们要秉承孝道，凡事要包容，不要因为生活中的一些小事伤了和气，因为她始终是你的母亲。包容了婆婆，能让婆媳关系更融洽，也能让你的家庭其乐融融。

小芳今年28岁，她文静善良而大方，刚刚结婚半年。家庭生活本来很幸福，但婆媳关系令她很头疼。

小芳和丈夫关系很好，但是与婆婆关系糟透了。她说从结婚前就看出婆婆对儿子的依赖，而且丈夫对妈妈的感情也很好，丈夫每次外出旅游都要带上老婆、老妈、老爸。这一点小芳很不满意，她说结婚前可以，可是结婚后还是这个样子，她就很受不了，她说很想过二人世界，可是每次都是全家人在一起。她说，丈夫有恋母情结，说婆婆也依恋儿子，说丈夫对自己挺好，但对婆婆比对自己还好，她很受不了。结婚后因为住房问题，她也与婆婆发生过争吵。原来自己住大房，婆婆公公住旧房，但比较小，为了让婆婆高兴，他们与婆婆换了住房。但是他们每天要回婆婆那里吃饭，因为丈夫每天都要回家看看妈妈爸爸，他觉得自己能够读完博士都是妈妈爸爸的功劳，现在条件好了，一定要孝顺爸妈，要让他们高兴。她说婆婆是个很爱挑剔的人，每次出去吃饭都要选择饭店或者挑剔菜肴，丈夫也都满足自己的妈妈。最关键的是，有时候，她和丈夫回到婆婆家，婆婆总是一个劲儿地对丈夫好，完全把她当外人，每次还把丈夫留到很晚才走。本来丈夫一天在外面忙，小芳就没什么时间和他在一起，下班了还被婆婆“霸占”着，这令小芳很生气，可这些话她又不敢与丈夫说，因为她知道丈夫是极其孝顺的人。

婆媳关系让小芳很苦恼，我们可以看出，小芳的婆婆是在和媳妇争夺

“爱”。其实生活中有很多这样的婆婆，怕儿子“娶了媳妇忘了娘”，于是和儿媳妇过不去，只要儿子有一点时间，就占为己有，和儿媳妇的关系处得很差劲。而作为媳妇，我们不应该与婆婆生气，应该包容老人，理解老人的这种心情，既然老人舍不得儿子，就顺应老人的心，让她快乐，这才是做晚辈的孝道。

和小芳相反的是，小严和婆婆的关系比亲母女还好，可谓“如漆似胶”，成了街坊邻居羡慕的对象。

小严和丈夫还没结婚时，小严就对婆婆很好，买老人吃的穿的，都买相同的两份，母亲一份，婆婆一份。婆婆比较守旧，对儿子管得比较严，小严也总是专心听婆婆的教导，她知道婆婆供一个大学生不容易，公公死得早，所以当他们结婚后，她总是把婆婆照顾得很周到。所以，结婚不到三月，她和婆婆的关系就已经到了什么话都说的地步。

结婚后一段时间，小严和丈夫闹离婚，原因是丈夫和单位一个女大学生好上了，婆婆知道了以后很生气，打了自己儿子，然后让儿子当着自己的面发誓，要对得起媳妇。后来，老太太找到了那个女人，给她讲了很多道理，总算让那个女人退出了。

这件事在整个小区里头传得沸沸扬扬，都说这婆媳俩比亲母女还好，简直是从古以来少有。老太太也处处维护自己的儿媳，这连儿子都没想到。

小严和婆婆的关系就是我们值得学习的对象。对待婆婆，我们要包容，不能什么事都斤斤计较。老人养育儿女已属不易，好不容易等到儿子长大了，可以享福了，别让老人因为你而不高兴，这是我们做晚辈的责任。我们要包容，放下婆媳之间的成见，只要有心，就能处理好和婆婆之间的关系，就能让婆媳关系更融洽！

别让手足变仇人

俗话说得好：打虎亲兄弟，上阵父子兵。血浓于水，兄弟之间应该互相

谦让，见利不争。然而，在现实生活中，太多的兄弟父子经住了困境磨难的考验，却经不住利益的烦扰，让亲情在金钱利益面前黯然失色、反目成仇。其实，只要兄弟之间见利不争，相互包容一点，就能构造亲密的兄弟关系。

兄弟之间的关系是至亲的关系，何必为了那一小点利益而苦苦相争，伤了兄弟之情呢？兄弟之间关系的好坏关系到整个家庭和睦与否，不要让利益成为家庭中不和谐的音符。转念想一下，有什么比亲情更为重要的？金钱固然可以买来很多东西，却买不到亲情。

曹植有句话，本是同根生，相煎何太急？他的人生，就是一幕兄弟相残的悲剧。在曹植十几岁的时候，曹操看到曹植的文章就很有点儿怀疑，认为是曹植请人代写的，而曹植请父亲当面测试，经过几番面试，曹植的确“出口成文，下笔成章”。若不是一些大臣的竭力反对，曹植早已被立为太子了。于是，曹丕与其弟曹植的斗争也就这样开始了。

有一次，曹操欲派曹植带兵出征。带兵出征是掌握军权的象征，是曹操重点培养的征兆，曹丕得到消息，当然很为恼火，怎么办呢？曹丕想得一个毒计，事先带着好酒好菜，跟曹植一起喝酒，灌得曹植酩酊大醉。曹操派人来传曹植，连催几次，曹植仍昏睡不醒，曹操一气之下取消了让曹植带兵的决定。

曹植与曹丕的斗争，曹丕是胜利者，他最终继承了魏王位。按理说曹丕的地位和权力已基本巩固，可他忌恨曹植的念头没有改变。

其实，曹植并未犯下什么大罪，只是有人告发他经常喝酒骂人，还把曹丕派出的使者扣押起来，却并没有招兵买马，阴谋反叛的迹象和征兆。这算不上犯罪，杀之怕众人不服。曹丕便想出个“七步成诗”的办法，欲治罪其弟。所幸的是，出口成诗是曹植的拿手好戏，这“七步诗”便成了救命诗，曹丕不得不收回成命，降低曹植的官爵了事。

纵观上下几千年历史，帝王子孙、王侯将相不争权夺利的实在很少。春秋时期齐国的公子纠与公子小白，秦朝的扶苏与胡亥，唐朝的玄武门之变……这样兄弟相残的例子数不胜数。

封建时代，这种兄弟之间的争权夺利自相残杀现象是社会制度的必然结果，一切皆因“利益”二字。如果他们把利益看淡一点，包容一点，还会有这些悲剧吗？即便在平民生活中，因为利益而造成兄弟相残的例子也依然不少。

有一个老头，有三个儿子，老头在世的时候，全家以打柴为生，虽说日子很苦，也只能勉强维持生计，可是兄弟三个在一个锅里吃饭，一起干活，和和睦睦，从没红过脸。

后来，三兄弟相继娶了媳妇儿，老头也去世了，兄弟分了家。老二和老三分到的是几亩田，而老大分到的是枣树。

老二和老三日夜劳作，可是仍然是穷汉，而老大因为枣树的收成年年很好，没过几年就发家了。老二和老三看在眼里很不舒服，经常到哥哥家里闹，说老头对大儿子好，把最值钱的东西留给了哥哥，眼见闹也于事无补，他们就心生毒计，想把枣树毁了。这恰巧被一位好心肠的邻居老太太知道了。

这一奶同胞，总是这样打打闹闹，搅得各家过不安，老太太就开始在三妯娌之间撮合，极力规劝，说动了她们，然后她们各自回去劝自己的丈夫，慢慢地，弟兄们僵硬的死结儿开始松动。这年春天，兄弟们一齐去找一位老先生，老先生是这一带有名的学问家。老先生告诉他们，“兄弟和气家不散，妯娌和气日子甜”。兄弟间要互相谦让，多替别人想，多包容，不要太自私，并建议他们合种一棵树，早晚伺弄，共同负责。哥仨回来后，照着做了，合栽了一棵枣树，哥仨比着劲地栽培它。老二和老三把当初想毁枣树的想法告诉了哥哥，而哥哥早已不在意了，反过来，哥仨一块儿寻找嫁接那种枣子的办法，开始做嫁接实验。终于有一天，第二棵树上也结出了那种酥脆香甜的枣子。

正可谓，当年同胞曾相残，各趋私利实难堪。故事中的老二和老三看见哥哥比自己富裕了，嫉妒心顿生，但老大在劝慰下原谅了两个弟弟，这就是包容。兄弟之间本来就应该如此，金钱换不来亲情。所以，兄弟之间本应同心协力，不要让自己被利益驱使。兄弟相残的结果无非是两败俱伤，而如果我们能包容一点，放开利益的枷锁，那么，就会让兄弟之间消除隔阂，关系自然也就亲密无间了。

融洽沟通建立良好的亲子关系

一片落叶承载一次生命，我们惊于生命的伟大。当我们看见我们的孩子呱呱坠地时，我们是欣喜的，我们细心呵护着这个小生命，对于他的任何举动我们都能包容。可是，随着时间的推移，他渐渐地长大，我们反倒不包容了，孩子犯的任何一个错误我们都会“咀嚼”很久，和孩子之间的心被“屏蔽”了，基于此，就产生了所谓的“代沟”。

任何一个孩子都会犯错，任何人都是在犯错和改错中成长的我们不要害怕孩子犯错，而应该去包容。包容之后，我们要主动和孩子进行沟通，这样和孩子之间的关系才会融洽。

我们经常大方地对待周围很多人，我们既然能包容别人，那么为什么不能包容自己的孩子呢？试着去沟通，去了解他们的想法，消除两代人之间的隔阂，这是真正的爱的方式。

在思想观念上，年轻和上代人之间总是有各种各样的差异。年轻人观念比较开放，喜欢追求新事物，赶时髦，不甘于被时代潮流抛弃，讲究与时代接轨，并且具有冒险精神；而上代人则较为保守，讲求实际，规规矩矩地完成每一件事。由于这些差异的作用，亲子之间的心理距离以至“代沟”就无可避免地形成了。张女士目前就为此事烦恼。

儿子染了发，美滋滋地哼着歌回来，恨不得把眼睛翻到天上，好欣赏自己。张女士说：“怎么？我辛辛苦苦生了你，黑头发还委屈你了？染得七红八绿的，好好一脑袋成调色板了！你整个一变色龙啊你！”儿子说：“哎哟，妈，这都跨世纪了，尝试尝试新事物不行啊？”

儿子班里春游，照相数张，其中有几张和女同学的合影，且彼此间的距离按照老同志的看法来衡量太过亲近了。于是，张女士看不习惯了，就说：“这谁家女孩子，靠你这么近干吗？长得又不好看，你还美滋滋的。唉，现在的女孩子！”儿子说：“那么封建干吗？不就是照张相吗？大惊小怪的，再说了，那都是我的‘铁哥们儿’，好朋友，又没别的意思！”

儿子第一学期放假，从学校回来，给张女士带了礼物。她说：“你好好学习就得了，带什么礼物啊，羊毛还不是出在羊身上？花那钱干什么？”儿子说：“这叫借花献佛，我就这点儿心意呗，等我以后赚了钱，给你买更好的。”

儿子总是零花钱告急，张女士就说：“你真是不会计划啊，这么多的零花钱，大手大脚地花，看你以后自己赚不了那么多钱怎么办！想我们小时候……”儿子：“行了，您可别那年那月了，您那个时候，一根棒冰才三分钱呢，对吧？可现在什么时候了，能比吗？现在是市场经济了，水涨船还高呢，我那点零花钱，天变地变钱不变，已经够节约的啦！”

从张女士和她儿子之间的对话中，我们可以了解到现在的年轻人和父母之间思想的差异。作为父母，我们要包容孩子的各种行为，虽然说这些行为很多是不合理甚至是错误的，但我们应该和孩子进行沟通，真正明白年轻人的想法，并用年轻人能接受的方式劝导，适度的沟通会让你拥有一个融洽的亲子关系。

没有不爱孩子的父母，可我们往往不会爱孩子，孩子需要的不仅仅是细心备至的物质，更是心灵的理解。

小琴，十七岁，高一女生，生活在一个普通的家庭，她在周记里说：“我经常在家里和妈妈闹矛盾，我一听到她的骂声就心烦，有时真想一走了之再也不回来了。可是她对我也挺好的，给我做饭、洗衣。每当看到她疲倦的面容又觉得于心不忍。每天就生活在这种内心矛盾之中，真不知该怎么办。小时候我特别崇拜我爸爸，觉得他好像无所不能，妈妈也很好，对我宠爱有加。可是，随着年龄越来越大，我觉得他们都不再爱我了。每天只关心我的饮食和成绩，根本不知道我在想什么。对我特别严，学习以外的所有事情在他们看来都是没有用的。他们也太不理解我了！”

和小琴父母一样的家长太多了，他们只看到孩子的成绩，却没有注意孩子的内心世界，更没有去体会孩子的感受。很多父母的爱的出发点是对的，可是爱的方式却不对。孩子需要的是关心和理解，父母却把孩子的成绩看成一切，成绩下降了的时候，是生气，是打骂；成绩上升的时候，仍然没有好脸色。我们什么时候包容过我们的孩子？这样下去，和孩子之间的关系怎能融洽？

所以，我们要包容我们的孩子，和孩子之间多沟通，这样才能创造融洽的亲子关系，家庭才能幸福！

包容有“不是”的父母

俗话说，天下无不是的父母，父母一切行为的出发点都是为了孩子。可怜天下父母心，可是又有几个孩子能包容父母，理解父母呢？

可能人天生就有一股叛逆劲儿，自打出生的那一刻起，孩子就在“违背”父母的意愿。父母希望孩子健康成长，于是省吃俭用给孩子补充营养，可是孩子却不“领情”；少时，父母希望孩子能学一身本领，将来可以生活得更好，可是孩子却整天抱怨自己怎么会有这样严格的父母；长大后，父母希望孩子可以安稳地工作，可是孩子却标榜自己的个性，拿着父母辛苦攒下的钱为人生做着一次又一次的“实验”，而家中的父母为此寝食难安，担惊受怕。父母为孩子，操碎了心。

生活中，有很多人打着和父母有沟通障碍，也就是所谓的“代沟”这个幌子，为自己的逆反开脱。或许，父母的确是老了，思想无法跟上年轻人的步子，无法听得懂年轻人的语言，无法和这些新新人类共跳一支舞曲，可是他们爱孩子的心从来没有改变过。看着父母日益苍老的脸颊和发白的鬓角，我们还能被他们爱多久？

试着包容自己的父母吧，即使唠叨，我们也多听听，那是爱的责备；即使打骂，我们也接受，这证明他们还健康。包容父母，把握好这一份至真至诚的爱！人生似一场宴席，随着时间的推移，很多人离席而去，也最终曲终人散，可是父母却始终守候在我们身边，帮我们编织着人生的梦，收拾着散席后的狼藉杯盘。直到这时，我们才发现了父母的好；可是，觥筹交错时，你注意到他们担忧的眼神了吗？

曾经，在陕北的一个农村，住着一个很丑的农村妇女，可是她却生出了一个十分俊俏的儿子，这个孩子的小名叫春儿，起这个名字是因为这个孩子似女儿般水灵，似女儿般听话。孩子出生不久，丈夫就死了，她挑起了整个家庭的重担。

随着时间慢慢推移，春儿慢慢长大了。这孩子天生是块读书的料，顺利地上了大学进了城，这可为祖宗争了脸。再过了几年，春儿在城里工作了，可是他的老娘还在农村老家受苦；但奇怪的是，他从来没有说过要接老娘进城，因为他的母亲实在太丑了。

可是这个丑娘日益思念着城里的孩子，于是她决定到城里看看，顺便开开眼。那天，当她找到儿子的住处时，她顿时不敢相信自己的眼睛，那天刚好是春儿的结婚之日，处处张灯结彩，她顿时明白了一切。同时她也很气愤，怎么自己生了这么一个舍本忘祖的孩子！她冲进家里，当时很多人就问："这个老太太是谁啊？"春儿说啊："不认识，是捡破烂的吧，给她点钱，打发她走吧。"老丑娘一听这话，顿觉人生最大的耻辱就是有这样的不孝子，于是一头撞在了雪白的墙上，喜事成了丧事，这时春儿才喊出一句："娘……"

老丑娘把儿子看成一切，儿子就是他的精神支柱，本以为儿子读书成才后自己的好日子就开始了，可是她却看见儿子这样的不孝举动。于是，她的精神支柱崩溃了，走上了绝路。俗话说，百行孝为先，可是春儿却嫌弃自己的母亲丑，不仅婚姻大事瞒着母亲，还在众人面前否认自己的母亲，这比十恶不赦更加让人不齿。

不管父母有多少不是，即使贫穷，即使丑陋，即使……父母永远是生我们养我们的人，我们和父母之间有割不断的脐脉和血缘关系。我们也唯有包容，才能报答父母之恩。父母思想落伍也好，说话唠叨也罢，要知道，总有一天，我们的父母会老得既不会思考问题，又说不出话来，到那个时候，我们会因为当初没能包容他们而悔之晚矣。

当他们年老时，我们不要成为一个拙于表达感情的笨小孩，我们该考虑如何回报父母对我们的养育之恩。年龄的差距也许会造成子女与父母沟通的主要障碍，然而，为人子女，难道我们不应该多包容一些有"不是"的父母，主动去了解和关心他们吗？我们是否尝试过安静坐下来听父母讲他们过去的事情，了解他们的想法和感受，或与父母好好地沟通交流，一起努力去打破我们之间

的屏障?

在父母眼里，我们真的永远都只是孩子，都只是他们最爱的最心疼的那个孩子。无论我们长到多大，他们都会担心我们受到伤害，担心我们遭到欺骗。这就是父母。因为这份永远不会背叛的关心与爱护，他们变得特别琐碎，哪怕在外人面前是多么雷厉风行的人，到了自己的子女面前，也只是一个啰嗦的爸爸或者妈妈。拥有这份永远相随的爱的我们，为什么不包容父母的“不是”呢?更何况他们的种种“不是”并不是错，而只是因为他们的方式恰好不是我们喜欢的那一种。当我们与父母顶嘴时，是否想过，有一天，他们再也不会有力气去犯下我们眼里的这些“不是”时，我们也许会非常怀念，怀念曾经身边那个用全部的心、不求任何回报地爱我们的人。年轻的时候，请多包容一点父母的“不是”吧，因为有一天，他们会随着这些“不是”而离我们远去。多一份父母子女间的包容，我们会拥有超越所有爱情、友情的财富。

第 11 章
给双方一点空间和自由：用包容给爱情保鲜

爱情需要包容，才能让其长久保鲜。我们要善于站在比较高的层面上驾驭两人的关系，对爱情中的冲突或矛盾有原则、有范围地理解和包容，使两个人之间的关系在可控制的包容和理解中向良性的方向发展。

用心包容，让爱自由

婚姻就像是一场戏，戏中只有丈夫和妻子两个人，而如何扮演好自己的角色是一门学问。在外人看来，这或许是一场枯燥的肥皂剧，无非是柴米油盐的问题；而善于经营婚姻的人却能将这肥皂剧演得有滋有味。幸福婚姻的基础就是包容，并且需要用心去包容。

可能很多人认为，爱人之间越亲密越幸福。这是一种错误的想法。俗话说得好，物极必反，爱人之间过于亲密，会让对方很压抑，这样的爱太累。我们要用心包容自己的爱人，给对方一个自由呼吸的空间。

“距离产生美”，这句话一点也不假，近距离看别人，会让别人浑身不自在。同样的道理，如果我们把爱人死死地捆在自己身边，也会让爱人觉得很难受。生活中，就有很多人，总是担心自己的丈夫或者妻子有异常行为，于是疑神疑鬼，敏感多疑，让自己和爱人都很累。其实，我们应该包容，给对方自由的空间。你要明白，是你的，永远是你的；不是你的，即使你把爱人捆在身边，爱人也会离开。

李太太就是这样一个总是把丈夫困在身边的人：

有一次，她在国外读书的妹妹放假以后回来看她。李先生特意为小姨妹接风洗尘，这顿饭大家吃得都很愉快。

邻桌中有位李先生的老朋友也在吃饭，看到了李先生，就端着酒杯过来和李先生敬酒，也得和李太太说两句话呀，他说：“大嫂，我最喜欢和你先生聊天了，哪天我把李大哥请过去，高兴的话说不定我们会聊天天亮的……”

李太太当时就拉下了脸，没好气地说：“我们家有我们家的规矩，我们晚上都是不出门的，更别说一夜不归！”

李先生当着朋友丢了面子，下不来台，大声对李太太吼道：“好了，你到底有完没完！”

一时大家都很尴尬，李先生的那位朋友赶紧说：“对不起，对不起，这事怨我，算我没说，告辞了。”

李太太的小妹也埋怨姐姐说：“都是你，今天这么好的心情都被你给搅坏了！”

回到家里，李太太也一肚子委屈，而李先生更是生气，于是两人冷战起来了。

李太太就是个不会包容丈夫的人，从她的那句话中我们可以看出，丈夫偶尔地应酬她也不让。即使在公共场合，她还是这样，让丈夫和小妹在朋友面前失了面子，夫妻之间也闹得不和，既伤害了对方，也伤害了自己。

生活中，有不少这样的人，他们对于爱人的一举一动都很敏感。比如，看到自己的爱人和网友聊得不可开交的时候，就会产生一种深深的嫉妒之情，认为他的感情转移了，于是与他争吵，甚至直接给他的网友警告，弄得大家都很尴尬。

的确，爱人之间都希望对方可以把全部的爱给自己，对自己一心一意，可是这并不代表对方就完全属于你。每个人都有自己的私人空间，都不希望被人触及，我们应该包容，给爱人一个自由的空间。

有这样一对夫妻，男人是一家事业单位的高管，女人是一名教师。男人有很多应酬，每天总是夜深了才回家，而女人除了要上课以外，每天还得照顾女儿，家里的里里外外也得她打理。

女人总是帮男人熬好了粥，每当男人夜深回家的时候，女人只有看见男人喝下粥，才放心睡下，因为她知道喝酒伤胃，喝点粥好。本来日子应该淡淡地过，可是往往很多事情我们是无法预料得到的……

男人开始彻夜不回，她熬的粥在每夜的等待中渐渐冰凉。男人偶尔也回来过，可是总是倒头就睡，身上有了陌生女人的味道。凭着女人的直觉，她知道男人已经背叛了自己。男人其实也很矛盾，家中有贤惠的妻子和可爱的女儿，可是那个女人确实也很美丽，他揣度着，最后，他决定和女人离婚。

那天，他回来得特别早，当他回家的时候，他发现女人在厨房忙着。他不知道如何开口，“小芳，我有话对你说……”他支吾着。

“你什么都不用说，我知道，以后记着经常回家吃饭，这里永远是你的家。”女人说着。

他顿时觉得自己似乎被什么东西砸了一下，默默地坐着。女人端上来很多菜，还有蛋糕，他很惊奇，问今天什么日子，女人说：“我们十五年结婚纪念日，也是离婚纪念日。”

他猛地想起来，哪一年的结婚纪念日自己也没有和妻子一起庆祝过，愧疚感一下子涌上了心头。他知道，要是离了婚，恐怕再也没有一个女人能和她一样包容了。

那天晚上，他没有出去，和妻子一起看电视看到深夜，喝着女人熬的粥……

这就是生活的真谛，用心包容爱人，给他自由，才能赎回你们那走在悬崖上的爱，才能找回爱的青春。而生活中，很多人面对背叛自己的爱人时，总是会用争吵来解决。争吵只会恶化你们之间的关系，无法挽回婚姻，我们何不包容一点，和小芳一样，给爱人足够的空间来思考自己的情感，或许爱人会反省自己错误的背叛。

所以，为了爱情的长久，为了婚姻的幸福，为了彼此的自由，我们要包容，给爱人一个空间，让彼此都能够自由地呼吸新鲜空气，能够清醒地认识这段感情，这才是明智之举，这才是婚姻的长久之计！爱情的美丽，在包容中绽放！

爱一个人，就要包容他的一切

我们都熟悉《最浪漫的事》里的那几句歌词，最浪漫的事就是和你一起慢慢变老，一路上收藏点点滴滴的欢笑，留到以后坐着摇椅慢慢聊……这是一首很美的歌词，也是我们渴望拥有的爱，可以说，这是爱情的最高境界了。

甜甜蜜蜜的家庭是令人向往的。从相识、相知到相爱，我们和爱人一起走过了很多的路，于是我们步入了婚姻的殿堂，是太多共同的东西把我们和爱人

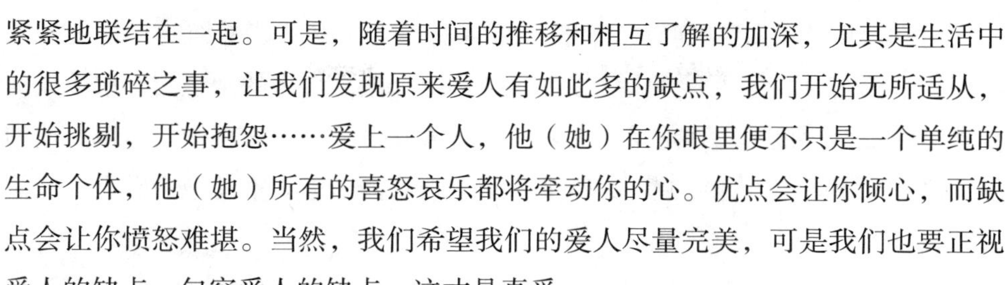

紧紧地联结在一起。可是，随着时间的推移和相互了解的加深，尤其是生活中的很多琐碎之事，让我们发现原来爱人有如此多的缺点，我们开始无所适从，开始挑剔，开始抱怨……爱上一个人，他（她）在你眼里便不只是一个单纯的生命个体，他（她）所有的喜怒哀乐都将牵动你的心。优点会让你倾心，而缺点会让你愤怒难堪。当然，我们希望我们的爱人尽量完美，可是我们也要正视爱人的缺点，包容爱人的缺点，这才是真爱。

有句话叫“人有缺点才可爱”，所以，对于缺点，其实并没有必要太在乎。如果爱人的那些缺点不涉及原则问题，你让让他（她）也无妨。除非你认为他（她）的缺点已经使你忍无可忍，否则夫妻之间还是应该多多包容。

宁和薇结婚快三年了，他们是由网友发展到现实中的爱情，当两人见面的时候，都对对方一见钟情，不到半年两人就领证结了婚。婚后的一段时间两人很幸福，每天的日子都充满了甜蜜，可是，时间长了，两人的缺点也就暴露无遗了。他们渐渐感觉到麻木代替了激情，每天就是上下班和吃饭睡觉。

宁说：“你怎么头发用夹子胡乱一别，而且常常穿着拖鞋和邻居聊天？从前的淑女形象荡然无存，你再也不是我心中那个天使了。”

而薇说：“你就知道躺在沙发上看足球，还臭着脚，我以前怎么没发现你这么不爱干净啊！还有，下班进门的时候也总是不换鞋子，干净的地板你一回来就脏了。还有，你有多少个月没给我买过一枝鲜花了？你多少天没说过‘我爱你’这三个字了……”

他们越吵越僵，到最后，想离婚的心都有了，当初的山盟海誓显得那么虚张声势，谁还以为当初说的是真话？可谁又真想离婚？最后，两人开始冷战，谁也不理谁。

最后，还是一个好朋友把他们约到一起，劝慰道：“婚姻的生活哪里都是完完美美的，谁都有自己的缺点。宁，你说薇不爱漂亮了，那你不爱干净不也是事实吗？薇也一样，做妻子的这点包容心都没有？”几句话说得两人都不好意思了。于是，在朋友的劝解下，两人又和好了。

自那以后，宁经常没事的时候给薇买点化妆品，而薇也包下了丈夫的卫生问题，及时督促他换洗衣物。

宁和薇因为互相包容而让婚姻更加幸福。生活本来就是如此，善于经营婚姻的人都知道如何包容爱人的缺点，他们不会根据自己的理想去要求爱人改变自己的个性，也不会强迫爱人去做自己不喜欢做或是不适合做的事情。他们能准确地掌握爱人的能力范围，帮助他了解自身的能力，推动他去做自己能做的事。

爱上一个人，就要爱他的全部，他的优点固然是你欣赏的地方，但是你也要接受他所有的缺点。对于他的优点，你要能欣赏，赞美或者倾心。而对于他的缺点，你必须要容忍，或促其改进，帮助他改正。学会包容，你就会发现，幸福其实就在你身边。而生活中，很多人总是采取争吵的方法提醒爱人的缺点，这只会起到相反的作用。据调查，2016年，中国平均每天有4000多对夫妻宣告婚姻破裂，离婚率高达30%。这恐怕和夫妻双方不能容忍对方的缺点有极大的关系，缺点演化成矛盾，矛盾慢慢激化，就造成了无法挽回的结果。

小雨和她丈夫的婚姻就是因为互相看不惯对方的很多习惯，在争吵中结束的。

有一段时间，小雨的丈夫不知道什么原因，回到家里，总是横挑鼻子竖挑眼，怎么看小雨都不顺眼，觉得妻子这里不好那里不对的，更是把工作上的气都出在妻子身上。小雨憋了一肚子的怨气，可是无处发泄。倘若说给别人听，家丑不可外扬，也说不出口；说给父母听吧，又怕老人担心。终于有一天，小雨和丈夫彼此都忍不住，于是战争就爆发了。

“你总是上厕所不关门，一屋子都是怪味，而且，每天一下班就知道和美女聊天，你以为我不知道啊！你要是嫌我了，你可以说出来，大家趁早离婚。”

“你以为你自己很好吗，你知道昨天晚上的菜是什么味道？别以为自己做的饭好吃，恋爱的时候，我是不想伤害你。还有，你总以为自己很爱干净，那为什么吃水果从来不洗……离就离！”

两人无休止地吵下去，接着就上升到原则问题，结果一发不可收拾，一气之下，两人最终离了婚。而他们内心却是爱着对方的，谁都不曾真正想离，可是恶果已经造成了。

其实，小雨和丈夫之间的矛盾完全是因为生活中的一点小缺点引起的，他们却把这些小缺点激化并上升到无法解决的地步。如果他们能互相包容一点，结果肯定大相径庭。

爱一个人，就应该接受并包容他的一切，那些缺点，只要我们包容了，就能忽略。如此，爱人的缺点就消失了，你看到的也就是对方的优点了。

家庭是避风港，家庭是后盾，没有爱人的支持，人总会有很多缺憾。对于爱人的缺点，我们更要包容。我们都是平凡人，身上总会有这样那样的缺点，所以我们常常会因为对方的不嫌弃而感动，进而更加地珍惜对方。缺点因为彼此的包容而消失，婚姻生活才会更加幸福！

真正的爱就是爱他的全部

真正的爱，就是爱一个人的全部。爱他并不英俊的脸，爱他日益臃肿的身材，爱他野蛮的霸道；同时，爱他盲目的自负，包容他的孩子气，尊重他不切实际的理想，分享他工作的烦恼。在他寂寞时安静地陪坐，在他困惑时尽心地帮助，在他如傻小子般撒野时冷静地看着，在他受委屈时听他发发牢骚……爱一个人就要爱他的全部！

爱，并不一定要轰轰烈烈；爱，一样可以很平淡。如果双方都学会包容和支持，谁敢说这不是最和谐的情感关系？学会包容你爱的人，包容你们的婚姻。如果你真的爱一个人，无论何时，好好地对他说一句：我爱你。无论他是老了、丑了，还是啰嗦了，真正的爱，永远都是爱对方的全部。因为爱，所以能够包容一切。

心理学家说，爱一个人就应该爱他的全部，无论对于男人还是女人，这都是一条让你的婚姻和谐美满的金科玉律。

在共同生活了一段时间后，有人会觉得自己的老婆不够漂亮，有人会郁闷自己的男人配不上自己。在对比朋友的婚姻状态后，或许有人会感慨自己的老婆不够温柔，抱怨对方不够体贴……在这一连串的迷惑中，男人与女人总认为

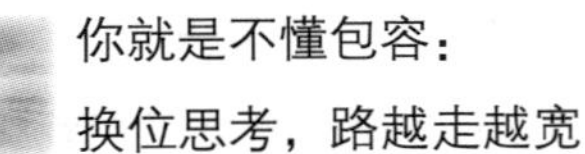

别人的妻子或者丈夫比自个儿的好。这种这山望着那山高的性格并不是一种病态，而是人之常情，但是它会破坏爱情美好的感觉。

婚姻中的两个人共同驾驭一艘航船，想要行驶得平稳，需要更多交流和理解，协调和摸索。在婚姻中，要有一双善于发现的眼睛，去发现对方的美好，然后毫不吝啬地去夸奖对方，给他信心。有了关怀，有了温暖，有了鼓励，爱情中的两个人都会变得更加美好。

有个人一直对别人说，他老婆什么地方没有别人好，什么地方没有别人强，后来发展到每天下了班就呼朋唤友，到处吃饭喝酒，就是不回家。别人问他，家里没人做饭吗？他就抱怨，嫌老婆老了、丑了，嫌老婆做的饭不够可口，吃厌了。后来，有明理人看不过去，反问他一句，你是世界上最好的男人吗？如果你不是的话，那么你总有比其他男人差的地方吧，那么你老婆成天说你的不好了吗？这才让这个男人一下子醒悟过来，知道了自己的糊涂。他开始惭愧，因为他忽略了爱其实需要包容。

爱情需要包容，用包容去爱对方的全部。当他成功的时候，做他的背后支持者；当他失败时，做他的坚强靠山；当他痛苦时，把自己的肩膀拿出来；当他高兴时，陪着他疯狂……审美疲劳谁都有，克服审美疲劳最好的办法就是经常去发现对方的优点，去包容对方的缺点。如果夫妻双方总是去挑彼此的刺儿，那生活还有意义吗？

每一次参加亲朋好友的婚礼，我们总是被婚礼上那句庄严的誓词所打动：无论贫富贵贱，无论疾病，都永远爱他，永远陪伴着他。就是这样的一种爱，让人动容。就是这样的一种爱，它包含了恋人之间最大的包容，包容了千万缺点，包容了千万磨难，包容了千万可能遇到的波折与坎坷。因为这种真正的全部的爱，两个人坚守着这样的包容，坚守着这份承诺，如此才能走完美满的一生。

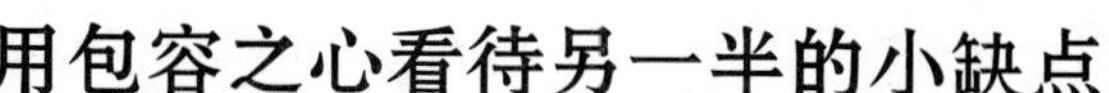

用包容之心看待另一半的小缺点

人们通常都在寻找趋于完美的人来做自己的另一半，以为那样才能幸福，才能一辈子没有争吵。却没有想过，完美的家庭并不是靠完美的人组合而成，关键是包容对方的缺点，用包容抹去缺点，并对感情有信心。如果连你自己都在怀疑到底能不能坚持到最后，还有谁能对你的生活作出承诺呢？

幸福不是一个人可以决定的，双方的矢志不渝才是婚姻长久的“定心丸”，这就是为什么很多人相信诺言。可是诺言和海誓山盟毕竟只是一种虚无缥缈的幻影，而包容才是真正的幸福，虽说我们看不见包容，但可以感知包容。或许你认为自己是因为优点和魅力吸引了你的爱人，可是又是什么让你的爱人对你始终如一，自始至终地爱你呢？难道真是你的完美无缺？当然不是，是因为爱人的包容，他（她）用包容抹去了你身上的缺点。

在古老的印度，有个很大的家族，家族的长子卡皮尔是个不怎么喜欢说话的男孩，而且总是闷闷不乐。家族的长辈为了能让卡皮尔开朗起来，就给他娶了一个叫西瓦尼的活泼女孩，西瓦尼的家庭并不怎么富裕，这是她翻身进入贵族社会的唯一方式。

当西瓦尼嫁进卡皮尔家时，她被这皇宫似的庄园给吸引住了。可是，她对自己的丈夫并不满意，因为卡皮尔实在是个不会说话的人，给人的感觉像个傻子。可是，夜深人静的时候，卡皮尔喜欢看书，看各种各样的书，那时，他看起来又像个学者。

卡皮尔对谁都一样，除了自己的妻子，他不喜欢过多的语言，可是对妻子很好。但这仍然让西瓦尼感觉很压抑，她总是不满足，总是觉得丈夫太闷。于是，婚后不到三月，她就和卡皮尔的表哥华伦好上了，华伦表哥是个很会说话的人，但不久以后华伦表哥就娶了妻子，结束了和西瓦尼的情人生活，这让西瓦尼很苦恼，她又回到了以前单调的生活。每次，当她看到闷葫芦似的卡皮尔，她就生气，她的坏脾气就爆发了。但卡皮尔从来不对自己的妻子发火，任由她宣泄自己的情感。

一日，卡皮尔的母亲带着儿子出去买衣服，让西瓦尼和老仆人在家。老仆人就和西瓦尼聊起了天。

“少奶奶真是幸运，嫁给了像少爷这么好的男人，在整条街都找不到像他这样的好人了。”老仆人本想和西瓦尼套套近乎。

“幸运什么呀，我嫁的就是一个木头，他什么都不说，简直就是一个傻子。”西瓦尼很生气。

“少奶奶不知道吧，可能我们老爷太太也不知道，少爷其实并不是不说话，他只是不愿多说，自从他的圣母死了以后就是这样了，他是个聪明人，什么都知道。”老仆人说。

“真的？他什么都知道？”西瓦尼疑惑地问。

“是的，他真的很包容，少奶奶别以为你和表哥的事他不知道，要不是他求情，你早就受到惩罚了。表少爷根本就没结婚，是为了躲你。还有，少奶奶你的脾气真的很不好，可是少爷也从来没说什么！”

西瓦尼一惊，原来这背后还有这样的事，看来她一直错看了丈夫。老仆人接着说：“我看得出来，自从少奶奶第一天嫁进来，少爷就很喜欢你，少奶奶珍惜吧！”

西瓦尼听完老仆人的话以后，觉得自己像是被棒子打了似的，她意识到自己以前是多么无知和幼稚，看不出来丈夫是这么地爱她。从那以后，西瓦尼加倍地补偿卡皮尔，夫妻之间的关系越来越好，卡皮尔也慢慢地开朗了很多。

卡皮尔包容了西瓦尼的暴躁脾气，甚至包容西瓦尼的一切，在他眼里，妻子的所有缺点和不是可以忽略，因为他很爱她，即使西瓦尼不理解。而当西瓦尼知道以后，给予了他同样的爱，他们的婚姻生活因为包容而幸福。这就是一种包容的爱。两个真心相爱的人，需要更多的包容，用包容抹去缺点。在爱的过程中，在生活的琐碎中，包容是一种至高无上的境界。当你们为了一件小事吵得不可开交时，当你们互相指责对方时，当你们开始了家庭冷战时，当你们埋怨对方不再是以前的他时，为什么不能静下心来反思一下呢？其实他还是爱着你的，变的只是你的心情，生活的琐碎使你失去了包容的心，使你只看到了他的不好，而忘记了他的好。两人在一起后，是需要包容对方很多缺点的。

其实在我们每个人身上都有很多很多的缺点，然而身边的那个人，他却并

不因为这样那样的缺点而减少对你的爱，而离开你，这就是一种包容，他用他的包容抹去了你的缺点。这样的爱，让人感觉幸福。因为相爱，所以可以包容对方的一切。而更重要的是，在未来的生活中，热恋的激情总归会因为平凡的生活而变得平淡，这时，一定会有很多的矛盾和不满。此时，就要用包容的心去耐心地抹去对方的缺点，让婚姻继续往前走，走到另一片花好月圆的境地。而这，需要爱情中双方两个人的共同努力，你付出了包容，必将收获同样的宽待。

懂得包容的人无疑是智慧的，因为他懂得："宽一分是福，让一步为高。"包容的内涵极其丰富，它不仅是一种非凡的气度，同时也代表了心灵的充盈和思想的成熟。其实想让自己快乐并不难，只要多珍惜已经拥有的东西，不去计较未得到的东西。得之，我幸；失之，我命。它完美，是一种运气；它有缺陷，亦有它的福气。以这样一颗达观的包容的心对待世界、对待身边的爱人，是一种生活的哲学，是一门生活的艺术，更是成就美满生活的金钥匙。

包容是一种看不见的幸福，最终受惠的还是我们自己。因为包容，所以豁达；因为包容，所以可以擦去缺点；因为包容，所以可以爱得无怨无悔，可以爱得天长地久，细水长流。

爱，要给另一半足够的自由

两个人因为相互地吸引而走到一起，拥有了美好的希翼，拥有了共同的梦想。此时，请再多给予对方一点点的自由，让大家都可以继续成长，爱情会因为这点自由的空间而更加美好而甜蜜。

每个人都需要自由，孩童时，我们企盼从大人们的手中挣脱出来，拥有片刻的自由；长大了，遭遇爱情，自己却开始变得患得患失，变得歇斯底里，变得难以满足。诚然，每个人都有控制权，只是强弱有别。然而，一个人若控制欲太强，他越想操纵，对方越想逃。道高一尺魔高一丈的闹剧总是不断上演。控制得太紧，希望对方事事按照你的要求去做，也许伴侣会在你的高压控制下养成好的生活习惯或行为方式，但过度的控制必会使你的伴侣感到窒息，最后反而变成一股逼迫他离家的力量。

如果真爱一个人，就别抓得太紧，给对方自由的空间，这既是彼此尊重，也是最体贴的态度。给对方一些自由的空间，就像风筝飞在蓝天里，只要别忘了在他心里系上爱和家这根线，风筝就不会断线。如果真爱，就给对方自由。天天想着一个人，要跟他一起生活，让他的心整天都被你所充斥，几乎滴水不漏……这种经常让我们误以为的“爱”真的是爱吗？他只是他自己，是一个个体，谁也不能限制他、强加他。如果我们时时刻刻都要伴侣听从我们，那就是错把占有当爱情了。占有与爱情，容易混淆，也容易区分：占有是剥夺，爱情是给予；占有是缰绳，爱情是草原；占有是渔网，爱情是大海；占有是封闭型的，爱情是开放式的。真正的良性的爱情，是给予对方自由，让对方永远保有一颗自由的可以呼吸氧气的心。

香港艺人夫妇马诗慧与王敏德结婚二十余载，是圈中模范夫妇。马诗慧谈起和王敏德相识相恋的过程，她坦言维系婚姻全靠懂得给对方自由。她表示二人甚少争执，偶然一次都只为儿女。更庆幸自己26岁生女儿，如今女儿已亭亭玉立。因为双方都保持一定自由度，所以反而不会厌倦，一直都有适度的新鲜感。

婚姻是建立在爱的基础上的，因为爱，很多人走过了风风雨雨；因为爱，他们战胜了爱情路程中的种种困难。可是，为什么真正走进婚姻殿堂以后，他们却患得患失，却总是将爱人牢牢地锁在自己身边？这是没有自由的爱，这会让爱人窒息。生活中，有一些极恩爱的夫妻并没能白头偕老，反而是劳燕分飞，半途而散。细究其缘由，并非男人花心，妻子外遇，第三者插足等，反而是因为爱得沉重，爱到对方无法呼吸，爱到无法忍受，爱到最后，对方只好逃之夭夭，所有的感情都成了空。

爱人并不是你的财产或物品，也并非你的专属物品，除了爱，他的生活中还有很多值得他去做的事。爱情的确是自私的，但是不要自私到让对方失去了自由。因为自私的爱，爱人成了笼中鸟、网中鱼；因为自私的爱，爱人产生了一种强烈的不信任感；因为自私的爱，爱人产生了极大的精神压力；因为自私的爱，彼此间爱得沉重，爱到想逃离婚姻的枷锁。

只有自由的爱才能长久，婚姻并不是夺人自由的围城，不是束人手脚的铁链，更不是让人窒息的空气；婚姻是两个相爱的人共同经营人生的承诺，是一份信任，是一份支持，是一种自由的情感升华的产物。足够的空间才会让爱净化，才会让爱细水长流，获得永恒。

当然，爱情中给予对方自由也不是无节制地放纵，而是在真爱的前提下给对方更多的时间和空间。两个人走到了一起，抑或是爱情，抑或是婚姻，双方都有了一种承诺，这种承诺从道德或者法律上约束着两个人，让两个人拥有了一种责任。当自由走向无节制的放纵，那就成了背叛。给对方自由，是一定限度下的自由，只有双方都具有成熟的内心，对感情有成熟的认识，知道社交的尺度在哪里，知道自由的限度在何处，这样的人，才能真正把握好自由。

给对方自由，但是同时要长一个心眼，多一根筋，知道这个自由并不是放任自流，而是抓住主心骨，让对方拥有呼吸的空间。能够把握好给予自由的尺度的人，必定充满着智慧。好的爱情，是通过一个人认识一个世界；而不好的爱情，是因为一个人封闭了整个世界。当爱情只能蒙蔽一个人的双眼，束缚一个人的臂膀时，这个时候的爱情也许已经变味了。

第 12 章
包容是一种策略：用包容的心看待职场小摩擦

职场中需要包容，只要不是原则性问题，就应该试着站在别人的立场，理解一下别人的所作所为的原因。人与人之间的态度是相互的，假如你给了别人包容，那么，他们一定会还你包容和尊重的。公司是一个团体，每一个人永远不属于个体，所以不妨以一颗包容的心来对待这一切。

学会与棱角分明的同事交往

就像世界上没有完全相同的两片树叶一样，在生活中，每个人都是一个独立的个体，每个人都有自己独特的个性。这就要求我们学会与不同个性的人相处。在职场上，我们尤其要学会与棱角分明的同事交往，这样才能使自己的工作更加顺利，使自己的职场生涯的发展更加顺利！

所谓棱角分明，其实是一个非常模糊和宽泛的概念。何谓棱角分明？宽泛地说，就是个性比较强。假如进行细致的划分，则可以分为很多种类。打一个形象的比喻，个性圆融的人就像是一块块被磨圆了的鹅卵石，但是棱角分明的人则像一块块未经打磨的石头，他们有些生硬的线条和尖锐的角。拿着一块圆融的鹅卵石，你可以使劲地攥紧你的手心，而不怕被扎伤。但是，假如是一块棱角分明的石头，你还能够紧紧地把它攥在自己的手心里吗？当然，假如你不怕扎，不怕流血，你也可以攥紧自己的手心。然而，在现实生活中，没有人愿意平白无故地受伤或者是流血，这就要求你学会如何与这块棱角分明的石头相处。同样的道理，在残酷的职场中，假如你不想无谓地牺牲，那么你就应该学会与棱角分明的同事相处，这样才能达到共赢的结果。很多时候，以卵击石是不可取的，以软碰硬也不是明智的选择，正确的做法是采取策略，达到共赢。

首先，要尊重对方的个性和尊严。人不是流水线上生产出来的统一标号和规格的零件，所以不可能是完全相同的。对于棱角分明的人，只要不是品质有问题，我们一定要尊重他的个性和尊严，这样才能打开对方的心门，使其真诚地接纳你。其次，要学会包容。只有你包容对方的个性，对对方表示理解，你才能更好地与对方相处。最后，还要学会展示自己，得到对方的认可。假如能

够做到这三点，你就能够很好地与棱角分明的同事相处。要知道，与人相处和领导安排下属工作是相同的，必须趋利避害，扬长避短。

大学毕业以后，张明进入一家外企从事销售工作，因为销售工作更多注重销售经验，所以张明被安排跟着李延实习。在实习的过程中，张明发现李延是一个特别难相处的人。他在公司里的销售业绩是最好的，为人桀骜不驯，总是听不进去别人的话，刚愎自用，特别武断。他似乎始终沉浸在自己的世界里，对外界发生的事情不闻不问。也正是因为他始终专注于自身，对待客户有一种锲而不舍的精神，所以他才能够很好地完成自己的销售任务，几乎每个月都在公司的销售榜上排名第一。

在跟着李延学习的过程中，刚开始的时候，张明非常苦恼。因为李延几乎不怎么和他说话，更没有倾心地教授，所以张明只得亦步亦趋地跟着李延，在一边悄悄地学习、模仿李延。有一次，李延遇到了一个不买账的客户，不管李延怎么说，对方就是不从李延这里购买软件。一个偶然的机会，张明在客户的桌子上发现了一张全家福，照片上的男孩五六岁的样子，非常可爱。所以，张明把自己专门托人从国外给外甥带的变形金刚套装交给李延，并且让李延在下次拜访的时候送给那个客户。这真是一步别开生面的棋啊，瞬间就使他们走出了绝境。客户看到这套变形金刚之后，惊呼道：“从哪里搞到的啊？我儿子已经追着我要一个月了，这可是限量版的呢，我托了很多人都没有买到。”这时，李延不知如何作答，张明在一边淡淡地说：“我外甥六岁了，也喜欢这套变形金刚。所以，我就托人从国外买了两套，本想着其中一套作为备用的，那天恰巧看到你的孩子也五六岁的样子，所以不如成人之美了！”

果不其然，在李延和张明拜访之后的次日，这个客户主动给他们打电话签合约，并且说以后会长期合作。经过了这件事情之后，张明成了整个公司里和李延关系最亲近的人，后来，他们还成为无话不谈的好朋友！

其实，张明之所以能够得到李延的认可，主要是因为他适时适当地展示了自己的实力。大凡能力比较强的人，总是有点儿孤芳自赏。李延的业绩始终是公司第一名，他当然不会轻易服软了，而张明则通过“露了一手”，得到了李延的肯定。对于棱角分明的人，最失策的做法就是与其对着干，针尖对麦芒；

只有首先尊重和理解对方，然后再找合适的机会得到对方的认可，才能够走进对方的心灵！

如何对付喜欢打小报告的同事

早在上学的时候，细心的同学就很容易发现一件奇怪的事情，即总是有一些同学特别喜欢打小报告。同桌上课说话了，他打小报告；某某作业没写完，他打小报告；张三不小心把李四的铅笔盒摔坏了，他还是打小报告。我们不禁纳闷：这些事情看上去和他没有半毛钱关系，他为什么总是乐此不疲地打小报告呢？其实，这是一种性格特点，而不是一种习惯。然而，不管是性格特点还是习惯，都是很难改变的。久而久之，这个爱打小报告的同学长大了，走上了社会，投入到工作之中后，他还是无可挽救地喜欢打小报告。同事迟到了，他打小报告；同事说领导坏话了，他打小报告；甚至连同事与爱人关系不和，闹离婚，他也要打小报告。这个小报告打来打去，有什么好处呢？假如遇到一个不辨是非的领导，那么会继续鼓励他当自己的耳目，让他继续打小报告；假如遇到一个非常理智和公正的领导，那么首先会怀疑打小报告者的人品，继而用心分析他所说的话是否属实。假如不幸遇到了第一种领导，那么打小报告的行为就会有愈演愈烈之势；假如侥幸遇到了第二种领导，那么虽然打小报告的行为能够得到及时的遏制，但是打小报告者从此在领导的心目中留下了不好的印象，最终将葬送自己的职业前程。由此可见，不管从哪个方面来说，打小报告都是得不偿失的。

既然我们都已经认识到打小报告的恶劣后果，我们当然不会去充当那个打小报告的人了。但是，我们无法阻止别人打我们的小报告。假如有人打你的小报告，你应该怎么做？大多情况下，为了使自己编造的“小报告”发挥陷害人的功效，那些散布流言蜚语告“黑状”的人已经掌握了人们的心理活动规律，即人们总是相信第一印象，第一印象一经形成，就很难改变。为此，在面对打自己小报告的人的时候，我们首先应该态度强硬，正所谓身正不怕影子斜。只

要你相信自己，你就完全可以公然地和打小报告的人对峙。要知道，在了解情况的时候，假如你采取忍气吞声、息事宁人的态度，那么对方就会认为你是胆怯。这个时候，态度在很大程度上能够说明一些问题。你可以采取主动出击的策略，把所发生的事情的原委详细客观地告诉大家，使人们在心中对此进行评判。此外，你也可以与打“小报告”的人进行公然论战，一一反驳他所列举的“黑材料”以及各种不实之辞。当然，要想不授人以柄，最根本的解决方法还是使自己端正清明，让人没有小辫子可抓。要想做到这一点，就要一身正气，凡事讲求公正，用事实说话。

黎明和朱志是大学同学，大学毕业后，他们一起应聘进一所学校当教师。工作两年之后，学校恰巧有一个名额，要外派到美国去进修一年。因为其他的老教师大多已经结婚生子了，青年教师中又数黎明和朱志最为优秀，所以，黎明和朱志理所当然地成为了竞争对手。

其实，论教学水平和科研能力，黎明和朱志是不相上下的。黎明是学习心理学专业的，朱志是学习中文的。但是，相比之下，黎明的人缘更好一些，朱志则有一些文人的清高。对于能否得到这个去美国的机会，黎明非常坦然，不过，却有人看到朱志在晚上的时候拎着礼品去校长家里。很快，学校就定下了去美国进修的人员名单，其中，赫然有朱志的名字。很多同事为黎明打抱不平，但是，黎明很淡然。他说，不管是谁去进修，只要对学校有所贡献就可以。然而，一个星期过去了，黎明却突然一反常态地开始竭力争取这个名额。原来，黎明之所以没有得到这个名额，是因为朱志去校长家的时候打了黎明的小报告。朱志告诉校长，黎明在读大学期间曾经因为几门学科不及格而被劝退，后来是因为黎明的爸爸给校长送了重金，黎明才得以继续把大学读完。

对于朱志这种无中生有的造谣行为，黎明非常气愤。他联系了之前担任自己班主任的华老师，并且请求华老师亲自给校长打电话。原来，黎明的确有几门课程没有通过考核，不过，那是因为他生病落下了几个月的课程，因此根本没有所谓的劝退之说。面对黎明如此强烈有力的回击，朱志哑口无言。最终，他费尽心机得到的去美国深造的机会不翼而飞了。

对付那些喜欢打小报告的同事，最好的方法就是用事实说话，假如能够像黎明一样找到第三者充当自己的证人，那么就更容易撇清自己，证明自己的清白。不管谣言再怎么魅惑人心，事实都是最有力的证据，胜于一百句雄辩。

如何对待与你争功劳的同事

随着社会的发展，很多工作都变成了脑力劳动，这也决定了在现代职场越来越多的剽窃行为随时发生，防不胜防。因为大多数工作都是在脑海中完成的，所以，这也就意味着没有人能够证明这项工作到底是由谁来完成的，不像盖房子，周期长，而且有很多人都看到了这个事实。如此一来，怎样保护好自己的工作成果就成了每个职场人士都必须关注的问题。即使如此，我们也还是防不胜防。那么，应该如何对待与你争功劳的同事呢？

如今，职场的竞争越来越激烈，为了使自己能有一个好的前途和未来，很多人甚至恬不知耻地抢夺原本属于同事的功劳，将其据为己有。这种行为简直和偷窃毫无区别，是非常可耻的。然而，在现实生活中，作为职场人士，很多人都曾经遭遇过这种偷窃行为。看着原本属于自己的劳动被别人据为己有，你会如何处理呢？有的人也许会选择忍气吞声，有的人也许会选择据理力争，但是，对于上层领导来说，不管是谁的劳动成果，只要是对公司有利的，他们都会采用。由此看来，领导并不会在这件事情上持坚定的立场，通常会和稀泥。所以，在遇到功劳被抢的时候，不要把太多的希望都寄托在领导身上，毕竟，很多成果都是脑力劳动的结果，没有人能够证实这个成果是你的还是他的。所以，在这场没有硝烟的争夺成果之战中，我们必须开动自己的脑筋，灵活机智地解决问题。只有让事实不辩自明，对于被偷窃的一方而言，才是最好的结果。

张虎和李哲一起应聘进一家公司工作，因为年纪相仿，而且经历也很相似，所以他们相处得很好。

一次，单位接到了一个很大的项目，公司老总在全公司范围内收集好创意。老总承诺，只要创意被采用，不管是谁，都官升一级。为此，公司上下每

个人都在非常努力地冥思苦想。看着大家一个个跃跃欲试的样子，张虎脑中灵光一闪，他决定走一条与众不同的路线，这样才能够旗开得胜。与此同时，李哲也想到了一条与张虎差不多的思路，但是，因为要进行大量的市场调查和研究，工作量很大，所以李哲最终放弃了。眼看着最后的日子就要到来了，张虎终于做出了一份使自己满意的策划书。而李哲呢？因为前怕狼后怕虎的，他非但没有做出出众的计划书，更没有拿出使自己满意的答卷。

在截止日期的前一天，张虎在对自己的策划书进行最后的审校，此时，李哲说："张虎，让我看看你的策划书吧，听大家说你为这份策划书可是煞费苦心呢！"张虎感到非常为难，一边是要好的哥们，一边是自己呕心沥血才创造出来的策划书。想到就剩下一个晚上的时间了，张虎最终决定让李哲看看自己的计划书。次日，在公司领导精选出来的项目计划书中，李哲排在张虎前面对自己的计划书进行阐述。当李哲的计划书出现在投影仪上的时候，张虎的脑袋嗡地就大了，这不是自己的计划书吗？所有数据都是自己辛辛苦苦统计出来的。虽然如此，张虎并没有声张。公司领导对于李哲的计划书展示的数据非常满意，因此让李哲详细阐述一下这些数据的由来。这下子轮到李哲头大了，因为他根本不知道这些精密的数据是如何得到的。此时，只见张虎不慌不忙地说："让我来阐述吧，因为这些数据是我花了整整两个月的时间在工作之余统计出来的。"

随着张虎的详细阐述，领导已经知道这些数据都是张虎的心血了。最终，张虎顺利地通过了领导的考核，升职为部门主管。

不管什么时候，事实都胜于雄辩。即使一个人再怎么能言善辩，都无法阐释经由别人的脑子诞生出来的伟大思想。所以，尽管脑力劳动的成果是很好剽窃的，但是思考的过程是无法复制的。正如故事中的张虎，因为信任，他把自己的劳动结晶给了李哲看。虽然李哲很不地道地剽窃了张虎的统计数据，但他根本不知道这些数据是如何得来的。面对与你争功劳的同事，事实就是最强有力的辩驳。

为难你的人，也许正是成就你的人

每个人都无一例外地想要听到别人赞美自己的话，然而，赞美虽然听起来好听，却有一个致命的缺点，即总是使听的人感到飘飘然，不知所以。实际上，这种赞美是可怕的，因为它会在不知不觉之中使你自我感觉良好，因而不思进取，逐渐走向退步。从某种意义上说，能够促使你进步的不是赞美你的人，而是为难你的人。人们常爱说这样一句话，嫌货才是买货人。实际上，在现实生活和工作中，促使你进步的恰恰是你的敌人，或者是对你要求严格的人。众所周知，严师出高徒。虽然现代社会的教育提倡鼓励学生，然而，适当的严格要求还是必需的。假如一味地表扬学生，而不及时给学生指出其缺点和不足，那么，时间长了，就会使学生沾沾自喜，得意忘形，甚至因此而逐渐退步。与此相反，不管是在现实生活中，还是在来源于生活而高于生活的艺术作品中，大多数成功的人都有一个严格要求他的人，或者是父母，或者是老师。百炼才能成金，这是亘古不变的真理！

人们经常说，良药苦口利于病，忠言逆耳利于行。大多数好药都是非常苦的，但有利于治病；绝大多数教人从善的语言都是不那么顺耳和动听的，但有利于人们改正自身的很多缺点，弥补自己的不足之处。对于任何人而言，要想取得长足的进步，最重要的就是虚心接受别人的批评，从而不断地提升自我的能力。对于一个人而言，有了过错并不可怕，重要的是要能及时改正；相比之下，可怕的是讳疾忌医，不肯接受别人的批评，从而导致小错最终酿成大错，甚至病入膏肓。尽管道理人人都懂，但是在实际的生活和工作中，还是有很多人没有办法接受别人的批评和指正，或者觉得丢面子，或者觉得自己是正确的。不管出于什么原因，一个不愿意倾听别人意见的人都是很难取得进步的。其实，不管对谁来说，能够得到智者的批评都是一件值得庆幸的事情。要知道，没有人喜欢批评别人，因为批评一个人是需要很大的勇气，冒很大的风险的。谁都知道“多栽花，少栽刺”的道理。通常情况下，人们都愿意听好话，而对批评意见心存抵触，有些人甚至会错误地对待批评的意见，把提批评意见的人当成自己不共戴天的仇人。因此，智者往往只对值得批评的人提出批评意见；而对于不值得批评的人，智者一定会三缄其口，宁愿保持沉默，也不愿意去说他。总而言之，我们一定要记住，用赞美使你昏昏然的人未必是你的真朋友，只有为难你的人、勇于指出你的缺点和不足的人，才是你真正的朋友。

一次，唐太宗对长孙无忌说：“每次，当魏徵向我进谏的时候，假如我没有及时地接受他的意见，他总是不愿意善罢甘休，不知道这是为什么。”长孙无忌还没有开始回答，魏徵就对唐太宗说：“我之所以进谏，正是因为觉得陛下做事不对。假如陛下不愿意听从我的劝告，而我又马上就对陛下的意见表示顺从，依照陛下的旨意行事，如此一来，岂不是违背了我进谏的初衷？”太宗说：“其实，你完全可以采取曲折的方式，当时应承我一下，保全我的颜面，等到退朝之后，再单独向我进谏，难道不可以吗？”对此，魏徵解释道：“从前，舜告诫群臣，千万不要当面顺从我，而在背后又另讲一套，这是阳奉阴违的奸佞行为，而非臣下忠君的表现。对于您的看法，为臣实在不敢苟同。”虽然太宗觉得有的时候很丢面子，但是他还是非常赞赏魏徵的意见。

在国家大政方针上，特别是在大乱之后拨乱反正，魏徵主张宜急不宜缓，宜快不宜慢。唐太宗即位的时候百废待兴。一天，他问魏徵：“要想治理好国家，即使是贤明的君主，也需要百年的时间吧？”魏徵对此有不同的意见，说：“圣明的人治理国家，宛如声音马上就有回音似的，只要一年就能够见到效果，倘若二年见效，也未免迟了，如何要等百年才能治理好呢？”

魏徵主张取信于民，不能朝令夕改。唐朝原定男子必须到18岁之后才能参加征兵服役。一次，为了大量征兵巩固边境，唐太宗要求只要是达到16岁以上的男子统统都要应征，魏徵坚决表示不同意。他说：“涸泽而渔，焚林而猎，和杀鸡取卵毫无区别。兵不在多而在精，根本没有必要为了充数而把年龄不到18岁的男子也应征入伍。而且，这也是失信于民的表现。”唐太宗问自己是否做过失信于民的事，魏徵举了三个例子来说明。尽管太宗认为魏徵的言辞非常尖刻，但是心里其实是非常高兴的，他相信魏徵是在以精诚之心辅佐自己以信义治国。

在个人享乐方面，魏徵更是经常犯颜直谏，以便使唐太宗能够时时反省自身。有一次，唐太宗想去南山打猎，虽然已经准备好了车马，但是最终还是没有去。当魏徵问他为什么没有出去的时候，太宗坦白地说："刚开始的时候，我的确非常想去打猎，但是，一想到你也许会责备我，我就不敢去了。"

除此之外，魏徵也非常注意唐太宗的品德修养。他直言不讳地告诉太宗："居人上者，其身正，不令而行；其身不正，虽令不从。"他还告诉太宗一句荀子的话：君主似舟，人民似水，水能载舟，亦能覆舟。因为这句话，唐太宗时时反省自身，成为了一代明君。

正是因为有了魏徵的直言进谏，唐太宗才能成为一代明君。虽然现在社会已经没有皇帝了，而且，我们大多数人都是普通人，但是，每个人都想成为最好的自己的急迫心情是完全相同的。要想不断进步，我们就要虚怀若谷，谦虚地接受别人的不同意见，努力完善和提高自身。记住，只有为你好的人才会直言不讳地为你指出缺点和不足，从而迫使你不断进步。因此，为难你的人才是成就你的人，在听到逆耳忠言的时候我们要表示感谢。

第 13 章

包容可以给友情升温：用包容的心体谅朋友

朋友之间需要包容，即使只是一句再简单不过的话，也能够为我们的友谊迎来一片蔚蓝的大海。包容并不是姑息朋友的错误，而是一种理解。当朋友犯了小错误的时候，包容对方往往是最好的处理方法，这样，我们才能重拾那段珍贵的友谊。

越包容，越能赢得朋友

人之一生，谁能无过？当我们自己做了错事、对不起别人时，总是渴望得到谅解与包容，总是希望别人把这段不愉快的往事忘掉。而当角度互换，轮到别人有对不起我们的言行时，我们也应该设身处地、将心比心地来理解和包容别人。一个人若想成就一番大事，在人际交往中，就不能太计较个人得失，而应该把眼光放长远，做到目光高远、胸襟博大，克己忍让、包容待人。

在生活中，谁不渴望友谊呢？谁不需要他人的帮助呢？一个人若想在人际交往中获得好人缘，就要以宽仁为怀，以大局为重。金无足赤、人无完人。没有人是完全没有短处的。只要拥有一颗容人之心，人生的道路就会越走越宽广，到处都会充满阳光！

如果好朋友无意中做了对不起你的事，或者给你添加了麻烦，请不要放在心上，不要耿耿于怀。与其揪着朋友的错误不放，因为自己的小气和斤斤计较而失去友谊，不如摆出包容之态，用包容的心一笑而过。一句“没关系啦，小事情”，也许就能令你获得朋友的歉疚和感激。若是明理的人，这种感激会一直记在心里。俗话说，“多一个敌人不如多一个朋友”。其中优劣，聪明的朋友，相信你一定能作出明智的判断。

有一个人在拥挤的车流中开着车缓缓前进。当他等红灯的时候，一个衣衫褴褛的小男孩敲着车窗问：“先生，要不要买花？”他刚刚递出去五块钱绿灯就亮了，后面的车猛按喇叭催促，可是那个男孩还在问他喜欢什么颜色的花。于是，他非常粗暴地对男孩吼道：“什么颜色都可以，你只要快一点就行了！”男孩很快地选了一束花递过来，并且十分有礼貌地说：“谢谢您，先生。”

又开出一小段路后，那人有些良心不安了：自己态度这样粗暴无礼，而对方只是个孩子，而且是那样地有礼貌……于是，他把车停靠到路边，下车走回男孩身边，道了歉，并又掏出五块钱，让男孩自己选一束花送给喜欢的人。男孩笑了笑，再次感谢后接过了钞票。

可是，当那人再回去发动汽车时，却发现车子出了故障，动不了了。一通忙乱之后，他只好决定步行去找拖车帮忙，谁知就在这时，一辆拖车戛然停在了他的车前。

那人惊喜万分，拖车司机笑着走过来对他说："先生，需要帮忙吗？有个小男孩给我十块钱，请我过来看看。对了，他还写了一张纸条。"

那人接过纸条打开一看，上面只写着一句话："这代表一束花。"

小男孩的举动令人感动。虽然他只是一个衣衫褴褛的穷孩子，虽然他只靠卖花挣点钱填饱肚子，但他的行为深深打动了人心，让人无法忘记他。从他身上，我们看到了一颗博大的爱心，看到了一个包容的胸怀！包容是和谐大厦的基石，是赢得朋友的法宝，是触及人心灵最柔软地方的魔法棒。人心都是肉长的，当你包容他人时，他必定对你的善良难以忘怀，在看到你包容的那个瞬间，他的心里，已经把你当成他的好朋友了。

与包容交朋友，学会包容，懂得包容，你就能赢得更多朋友，你就能活得更快乐！

包容的内涵是宽大有气量，不计较，不追究。没有包容就没有友谊，没有善待就没有朋友。一个人如果什么事都斤斤计较，别人会认为他小气，就不会与他交朋友，他就会成为孤家寡人，当他遇到困难时，别人也会因他平常爱计较而拒绝帮助他。在人际关系中，产生矛盾，产生隔阂，都是很正常的事情，但只要拥有包容万物的度量，就能化干戈为玉帛。

我们常常担心自己不够精明，害怕自己在竞争中吃亏，于是每天都活得很累，每天都要面面俱到，每天都在算计中度过，每天都在苛刻地对待周围的人与事。时间久了，我们最终发现，也许的确得到了一些利益，但是失去了许多朋友。

懂得包容的人往往会把他人对自己的好牢牢记在心上，总是对人对事心存感激，感情的付出与收获通常都是相互的。懂得包容的人，乐意帮助他的朋友会越来越多。懂得包容的人善于与人同乐，给人快乐，而自己通常也是个乐观主义者，不记烦恼，所以他的快乐比别人多。谁不愿意跟阳光明朗的人亲近呢？懂得包容的人善于发现别人的优点，肯定别人的长处，所以他的朋友很多；懂得包容的人善解人意，能够体谅别人，尊重别人，所以大家都愿意与他合作，跟他做拍档；懂得包容的人，在包容别人的同时，也包容了自己的一些不如意，计较得少，知足常乐，所以往往能用豁达的心看得更透，看得更远，最终得到满满的“财富”。

包容是一片海洋，它承载万物，它汲取了真善美，也容纳了斑斑瑕疵；包容是一片花海，既看得到繁盛的牡丹，也看得到不善修饰的小草。善于包容的人，心胸宽广，脸上常常浮现和善的笑意，宛若冬日里的暖阳，让人忍不住亲近；善于包容的人，性情温和，对待他人的失误，一笑而过，不计较、不介怀，对人对事保有一颗平常心，让人愿意与他交朋友。

对手变为朋友，你的事业将如虎添翼

所谓朋友，只是因为彼此之间的价值观大致相同，所处的立场基本一致，就相当于是同一个战壕里的战友，是利益共同体罢了。而所谓的对手，则刚好相反。我们不要一想到对手就神经过敏，觉得双方根本不可能有什么共同语言。几米说，两条平行线也会有相交的一天。事在人为。何况对手不是神，和我们一样也是人，是人就有人的情感，就有喜怒哀乐、七情六欲，就会变。只要我们能变对手为朋友，强强联手，我们的力量就会更强大。

A公司和B公司是这个城市广告业中的翘楚。两家公司的实力不分上下。A公司长于设计，它们的设计师设计出来的作品往往画面简单，却能一下子抓住消费者的眼球，因此受到客户的一致好评。B公司则长于文案，它们的策划案短小精悍，字字珠玑，方法简单却常出奇制胜，用一句通俗的话说，就是花小钱办大事，所以，那些大的公司但凡有什么活动，都第一个跑来找B公司。

两家公司表面上看井水不犯河水，背地里却竞争得相当激烈。因为A公司看到B公司搞活动挣了不少钱，也想分一杯羹；而B公司觉得A公司搞设计成本不高，而且设计费非常可观，也动了做设计的念头。

本来两家公司刚开始的时候就什么都做，但由于后来人员的配备和侧重点不一样，所以才渐渐地一个以设计为主，一个以策划为主，变成同行不同业。它们业务上几乎没有冲突，所以好多年了一直相安无事。A公司成了设计界的老大，B公司则坐上了策划界的头把交椅。

就在两家公司为当老大争得不可开交的时候，谁知螳螂捕蝉，黄雀在后，这个城市又神不知鬼不觉地进驻了一家外资的广告公司。这家外资公司设计和策划都做，明摆着是要吃了A公司和B公司，然后自己当老大。

可是，A公司和B公司发现得太迟了，等它们反应过来的时候，那家外资公司已经占领了40%的市场份额，而且在继续扩张。

这下A公司和B公司急了，单打独斗肯定不是那家外资公司的对手，与其让人家一个一个地吃掉，不如两家联手，说不定还有赢的希望。

这样决定后，A公司和B公司把各自的优质资源进行了全面整合，两家公司暂时合成了一家公司。由于A公司和B公司多年来一直在客户心目中很有口碑，再加上现在两家公司联手后做出来的东西比以前更好，所以流失的客户又都回来了。

本来这个城市大客户就不多，现在都跑去找A、B公司了，那家外资公司很快就做不下去了，最后灰溜溜地退出了这个城市。而A公司和B公司从这次的事件中也看到了自己的优劣势，所以决定，虽然今后两家公司还是分开做，但再也不搞竞争了。

故事中的A公司和B公司，在这个城市的广告业中各占半壁江山，两家虽然同行，但由于侧重点不一样，所以多年来一直和平相处。然而，近两年来，A公司和B公司虽然表面上客客气气，背地里却互相拆台，搞恶性竞争。就在它们争得不可开交的时候，这个城市又来了一家外资广告公司，而且实力相当雄厚，如果A公司和B公司不联手，最后很可能被这家外资公司吞并。为了生存下去，两家公司冰释前嫌，强强联手，最后终于让那家外资公司退出了这个城市。的确，当对手变为战友的时候，我们的力量会更强大。那么，我们怎么做才能把对手变成战友呢？

1.不计前嫌，包容别人

不管以前双方的矛盾有多大，对方做了多么过分的事，让我们无法忘怀，现在我们既然已经答应要和对手并肩作战了，就一定要不计前嫌，原谅别人。暂时放下过去的那些伤与痛不去想，把全部精力放在现在的合作上，不要让以前的恩恩怨怨是是非非影响我们和对手现在的关系，因为我们即将共同面对困难，渡过难关。

2.真心接纳别人的优点

每个人都有自己的优点和长处。我们和对手合作，其实就是看准了他们的优点和长处，双方合作有更大的前途，所以才一起做事。既然这样，我们就要真心接纳别人的优点，正确看待自己的缺点，尺有所短，寸有所长，只有扬长避短，把双方的优势结合在一起，我们才会天下无敌。

3.要把对手当成是战友

战友，就是双方同生共死，面对同一个对手，一损俱损一荣俱荣。我们在和对手合作的时候，只有把对方的利益看成是自己的利益，把对方的事看作是自己的事，把对方当成是我们的战友，我们和对方才能配合得更默契，做起事来才会更加用心，因为对方的生死关乎到我们的性命。

4.跟对手目标必须一致

在一定的基础上，为了共同的目标而选择合作，这样双方的合作方能长久，也会更加稳定。否则，就失去了合作的必要，双方也根本不可能合作长远。人都是自私的，如果不是为了生存得更好，根本不会轻易受别人牵制，所以，我们在和对方合作的时候，目标必须要一致，这样双方才会为实现共同的目标拼尽全力。

包容之心给友情遮蔽风雨

佛界里有一副楹联："大肚能容，容天下难容之事；开口常笑，笑世间可笑之人。"这副名联告诉我们，人就这么一辈子，做人就应该要豁达大度。同样，对于朋友也要这样。人生得一知己不易，是朋友陪伴我们度过人生的风风雨雨，对我们不离不弃，不要为了一些小事让友谊产生裂缝，换位思考会让我们豁然开朗。

人生在世，谁没有朋友，谁不会因为一时糊涂犯错？我们何必对朋友的过错耿耿于怀？我们要理解朋友，站在朋友的立场想想，如此，那些过去的事就不会成为你们友谊的屏障了。

真正伟大的友谊是相互包容的阳光。包容需要豁达的心，豁达大度说起来容易，事实上要做起来则很难。它要求我们控制自己的私欲，不为一己之利去和朋友争斗，要以平等的心对待朋友，更重要的是，凡事要从朋友的角度想。纵观古今中外，大凡成就伟大友谊的仁人志士，无不大度为怀，包容朋友的一切。反之，鼠肚鸡肠、竞小争微、片言只语也耿耿于怀的人，终究得不到知心朋友，人生之路也会因为孤独而更加艰辛。

从前，有两个一起长大的人，关系一直很好，以兄弟相称，娶妻生子之后，二人就商量着合伙开一间铺子，这样就不必太过劳累。

铺子开张以后，生意一直也很好，可突然有一天，家中丢了一吊钱。

因为兄弟俩的钱一直放在一个木匣子里面，就在店铺的厅里。

这兄弟二人都怀疑是对方偷了钱，为了一吊钱，两人吵了起来，最后不欢而散，铺子就这样倒了。后来，他们各自有了自己的事业，只是谁都不肯理对方。而原先开铺子的房子也卖给了别人做药铺。

三十年后，有个人到这个店买药。他和买药的小生说："三十年前，我缺钱花，还在这里偷过一吊钱呢，转眼这里竟是你们的药店了。"

小生一听说："原来是你偷了那钱，使得那两个兄弟反目成仇，三十年来没说过一句话，还不快快和我去澄清事实。"

两兄弟听到这个消息后，抱头痛哭。虽说事情澄清了，可是两人失去了三十年的感情。

故事中的两兄弟都不是心胸宽广、能包容的人。他们应该从对方角度想，钱财也只不过是身外之物，拿了就拿了，肯定有他的道理，何必闹翻脸，把从小的感情搁浅呢？更何况，这根本就是一个误会，却造成了三十年的遗憾。

大度者，能容朋友一切不能容之事，即使朋友给自己一刀，给自己一枪，也能把这恩怨抛至脑后，因为他会从朋友的立场考虑，他相信朋友所做的一切一定有自己的理由。

在中国南部的一个小城里头，有两个关系很好的朋友，以兄弟相称。他们共同承包了一片农田，并用这片土地种了很多果树，因为善于种植，他们的收成很好，成批的水果让他们赚了很多钱，于是两人商量着用赚来的钱扩大种植面积。可是就在作出这个决定的第二天晚上，哥哥就拿了钱逃了。

弟弟找了很久，也没有寻到哥哥的踪迹，看着被掏空钱的包，看着哥哥以前的东西，弟弟哭了。

可是，他并没有怨恨哥哥，他相信哥哥不会没有缘由地这样做，可是事实还是摆在了眼前：他没有了周转的资金。他四处借钱，终于解决了资金的问题。后来，他的生意越做越大，成了那个城市最大的水果供应商。三年后，他结了婚。

有一次，他带着妻女逛街，看见一个卖水果的，面孔很熟悉，他上前一看，是那个哥哥，可是他怎么会这么苍老？

哥哥看见弟弟，转身推着车要走，弟弟一把拉住他，喊出：“哥！”哥哥眼泪夺眶而出，抱住弟弟。原来，三年前，因为他的老母亲得了重症，妻子又在怀孕期间，家里实在没钱，他不能看着母亲死，不能看着妻子无钱生育，只能偷了钱。他没想到弟弟居然没报案抓他，但内心的自责和愧疚一直折磨着他。

弟弟说：“哥，我就知道你有苦衷，你不是那样的人，从今天开始我们还是好兄弟！”两兄弟冰释前嫌，解开了多年的误会。

弟弟包容了哥哥，他知道哥哥肯定有自己的苦衷，这才让兄弟两重修旧好，破镜重圆。这就是包容的力量。

包容能战胜一切毁坏友谊的蛀虫，只要我们从朋友的角度考虑问题，我们会发现，他是情非得已，他有自己的道理，换作了你，或许你也会这么做。这样想的话，我们就能解开心结，从心底包容朋友，我们的友谊也会遍地开花。

不斤斤计较的人更容易交到朋友

朋友之间的交往，最重要的就是真诚，其次就是不能斤斤计较。观察身边的人和事情，我们不难发现，那些包容大度的、不喜欢斤斤计较的人更容易交到朋友。很多时候，你想让朋友对你怎样，你就应该首先那样去对待朋友。有些人愿意先付出，他们无私地对待朋友，所以也赢得了朋友的友情，得到了朋友无私的回报。相比之下，有些人却希望别人先对自己付出，然后他再作为回报向对方付出。虽然只是先后次序的区别，但是结果完全不同。主动付出的人身边围绕着很多朋友，被动付出的人在友情之中失去了主动权，收获的友情自然不如主动付出的人多。其实，朋友之间是一种缘分，茫茫人海，大千世界，两个人能够相遇、相识、相知，是一种莫大的缘分。我们该如何珍惜这份缘分？最重要的就是包容大度地对待朋友，不要斤斤计较！

很多时候，我们要求别人不计较，自己却斤斤计较，这当然是行不通的。设身处地地为别人着想之后，你会发现自己也不愿意和一个斤斤计较的人交朋友。所谓朋友，正是那些不计较名利、与我们坦然相待的人。随着经济的发展，人们的生活节奏越来越快，不仅是友情，甚至连爱情都步入了快餐时代。人们因为需要走到一起，又因为不需要而离开。这使我们不禁想问：还有没有不计较的感情？所谓不计较，除了不计较交往过程中的付出之外，也指的是不计较对方的身份、地位以及经济能力。在交往过程中，很多朋友吃饭的时候喜欢AA制，如今，很多大城市的白领人士已经接受了这一新的观念，一起吃饭，图个乐呵。甚至还有些夫妻之间也兴起了AA制，家庭生活有着明确的分工和合作，凡事都一起出钱。对于这种友情和爱情，从传统的角度来说，总觉得没有大家围坐在火炉旁一起大块吃肉大碗喝酒来得更加热烈，没有夫妻之间同甘共苦、相濡以沫来得更加可靠！在选择和什么人成为朋友的时候，有些人除了精神方面的沟通和交流之外，其实更加看重对方的客观条件，如能不能为我所用，对自己有没有提携和促进的作用；甚至在寻找人生伴侣的时候，他们也把心灵的契合放到了第二位，而把各种客观条件放到了择偶的第一位。这无疑将使他们的精神更加贫瘠和苍白！

笑笑和林倩既是同班同学，也是上下床的舍友。不过，她们俩有着很多大的不同，即笑笑有很多好朋友，但是林倩只有包括笑笑在内的屈指可数的几个朋友。为此，林倩非常疑惑。她认真地观察笑笑，而且虚心地向笑笑请教：“为什么你有那么多的朋友，我的朋友却很少呢？”笑笑看了看林倩，问：“你想听我说真话，还是假话？”林倩毫不犹豫地说：“当然是真话！”笑笑一本正经地说：“我认为你在交朋友的时候思想上存在一定的误区。”林倩更加疑惑了，说：“我很想交朋友啊，我是很积极的！”笑笑说：“我当然知道你是很积极的，但是，你不觉得你交朋友的目的性很强吗？例如，你和王晶成为朋友，是因为你觉得她的学习成绩非常优秀，能够帮助你提升学习成绩；你和李渡成为朋友，是因为你觉得他是学生会主席，掌握着很大的权力；你和我交朋友，是因为觉得我的人际关系非常广，身边围绕着很多朋友，能够在需要的时候寻求帮助……对吗？”林倩陷入了沉思之中，笑笑赶紧说：“当然，我也是瞎猜的，我不是你肚子里的蛔虫，当然无法知道你真实的想法。”林倩若有所思地说：“你这么一说，我倒是觉得你说的有点儿道理！”笑笑接着说：“我呢，之所以身边有这么多的朋友，主要就是因为我交朋友的时候从来不过脑子，只要人家是真诚地想和我成为朋友，我就很乐意成为他们的朋友。其实，朋友的价值并不是说能够帮助你多少，而且心灵的沟通，大家在一起非常快乐，有了苦恼的时候也能够共同分担，说一些安慰的话，这就足够了！所以，你看，你的朋友大多是在某些方面比较突出的；而我的朋友呢，都是一些非常普通的同学，但是我们在一起很快乐！”林倩心有不甘地说：“我觉得我对朋友也付出了很多啊！”笑笑一拍脑门，说：“这也是咱俩的区别！你看，我交朋友的时候从来不会想着自己付出得多还是别人付出得多；但是，你呢，你大多数情况下是在有求于人的时候才会付出很多！这样一来，你的付出就带有很大的功利性，而我的付出则显得比较真诚，没有任何目的。”

听了笑笑的话之后，林倩恍然大悟。从此以后，她改变了自己的心态，非常真诚地对待自己的朋友，而且从来不计较，果然，她身边的朋友也越来越多了。

要想使自己拥有更多的朋友，就要学会摆正自己交朋友的心态，不计较地、真诚地对待自己的朋友！

第 14 章
包容可以净化灵魂：以宽容之心看待世间万物

雨果说："世界上最宽阔的是海洋，比海洋更宽阔的是天空，比天空更宽阔的是人的心灵。"包容可以净化灵魂，让我们以宽容之心看待世界万物。一个人想要获得真正的幸福和终身的快乐，就应该选择积极且正确的包容心态。

看淡得失，不要总是怨天尤人

我们从出生来到人世间的那一刻开始就有很多事情都不在我们控制的范围之内，在我们接下来的成长过程中会不可避免地遇到很多我们解决不了的问题。这些问题的出现有时候是因为我们没有付出足够的努力去解决它，有时候这些问题的解决办法或许完全超出我们的能力之外。在我们遇到这些困难时我们应该怎么办呢，是积极地开动脑筋寻求办法去解决它，还是只是不断地在原地嗟叹失败的痛苦而去怨天尤人呢？答案显而易见。可是，很多时候，我们在遇到类似的问题时还是会不由自主地选择后者。

约翰·富勒的父亲是路易安纳州黑人佃户，家中有7个兄弟姐妹。他从5岁就开始工作，9岁时会赶骡子。这些在旁人看来不可思议的事情对于他们来说一点也不稀奇，因为佃农的孩子大多在年幼时就必须工作，他们对于贫穷十分认命。可是富勒有一位了不起的母亲，她始终相信一家人应该过着快乐且衣食无忧的生活。她经常和儿子谈到自己的梦想。

“我们不应该这么穷，”她时常这么说，“我们不要说贫穷是上帝的旨意。我们很穷，但不能怨天尤人。我们很穷的原因是爸爸从来不想追求富裕的生活，家中每一个人都心无大志。”

家里穷的原因是没有一个人有追求财富的理想。这句话深植在富勒的心里，并因此而改变了他的一生。从小他就一心想要跻身于富人之列，并开始努力追求财富。他认为推销是最快的致富捷径，因此选择挨家挨户地推销肥皂。12年后，他得知供货的公司即将被拍卖，底价是15万美金。谈判的结果是，他用积蓄的2.5万美金作为定金，答应10天内筹足尾款12.5万美金。合约中规定，若逾时未补齐尾款，将没收定金。

富勒的工作态度认真，极受客户称赞。现在他需要帮忙，朋友、信托公司都非常乐意帮忙，但是到第10天晚上，他筹到了11.5万美金，还差1万美金。

“我已经想尽所有的办法，”他回忆当时的情形，“时间不早了，房里一片漆黑，我跪下来祈祷，请求上帝的指引，谁能在时限内借我1万美金。我决定开车沿着芝加哥第61街走下去，并默默请求上帝给我一线曙光。当时是深夜11点，我过了几个路口，终于看到一家承包商的办公室里还有灯光。”

富勒走了进去。那位承包商正埋头办公，由于熬夜加班，已经疲惫不堪。富勒和他略有交情，他鼓起勇气。

“你想不想赚1000美金？”富勒直截了当地问。

那位承包商回答：“想，当然想。”

“借我1万美金，我会外加1000美金的利息还给你。”富勒把事情告诉了那位承包商，并且详细说明了整个投资计划。

当富勒踏出承包商的办公室时，他的口袋里放着1万元的支票。其后，他不但从接手的公司中获得可观的利润，并且陆续收购了7家公司，其中包括4家化妆品公司，1家制袜公司、1家标签公司及1家报社。

富勒时常回忆起多年前母亲的话：“我们很穷，但不能怨天尤人。那是因为爸爸从来都不想追求富裕的生活，家中每一个人都心无大志。”

富勒如果只是像自己的父亲和兄弟姐妹或者和自己的族人那样不去想着让自己过上更好的日子，不思进取，怨天尤人，那么他就不会取得成功、成为富豪。

天有不测风云，人有旦夕祸福，古人早就明白灾难有时候根本就是不可避免的。遇到灾难时，如果只是一味怨天尤人，那么我们就永远也不能获得成功。“真的勇士敢于直面惨淡的人生，敢于正视淋漓的鲜血”，只有直面自己的人生，灿烂的阳光才会洒到我们的一片天地。

诸葛亮在刘备死后，虽然得不到刘后主的支持，但是仍然坚持五伐中原；他并没有去抱怨刘禅的昏庸，只是谨记刘备临终的嘱托，至死方休。荆轲在易水别过燕王，孤身一人潜入秦国去刺杀秦王，遗憾的是他没有成功；但是他并没有谴责燕王让他一人去秦国送死，而是在失败后凛然自刎。李陵和苏武都在危机之中被匈奴抓走，但是不同的是李陵在匈奴的威逼利诱下投降了，结果导致一家被杀；而在被苏武问到这件事时，他仅仅是抱怨汉朝太不人道，杀死他全家使他有家难回，只能客死异乡，却对自己的错误一点也没有反省。而苏武则恰恰相反，在被扣押的情况下，他在冰天雪地中苦熬19年，风霜雪雨，无衣无食，但是他始终不愿向匈奴投降，最终回到了自己日思夜想的祖国。

所以，到我们遇到困难时，不要耿耿于怀，不要去抱怨上苍对自己不公平，也不要抱怨别人不帮助自己，而要看好自己头顶上的那片蓝天，用自己的双手去创造美好的未来。

活在自己的天空中

在生活当中，我们经常会听到身边的人议论别人的缺点。背后说人的坏话可以说是人性的一大缺点，每一个人都会在不经意间去贬低别人而抬高自己，有时候贬低别人的人是自己，而更多的时候我们会发现自己也会成为别人贬低的对象。假使我们把别人对自己的看法与评论太当回事的话，痛苦的人或许就是我们自己，因为，在别人的话中我们或许只会出现一分钟，而我们却有可能让自己痛苦一辈子。所以，成功人士知道应该怎样去面对别人的批评——那就是一定要活在自己的天空中。

《读者》上曾经刊载了这样一个故事：

有人问美国华尔街40号国际公司前总裁马修·布拉："你是否对别人的批评很敏感？"

他说："早年我对这种事情非常敏感。我急于使公司里的每一个人都认为我非常完美。要是他们不这样想的话，就会使我忧虑。

"只要一个人对我有一句怨言，我就会想法子取悦他。可是我做的讨好他的事，总会让另外一个人生气。等我想要补偿这个人的时候，又会惹恼其他的人。

“最后我发现，我越想讨好别人，就越会使我的敌人增加。所以我对自己说：只要超群出众，你就一定会听到怨言，受到批评，还是趁早习惯。这一点对我大有帮助。

“从那以后，我决定尽自己最大的努力做事，而把我那把破伞收起来，让批评我的雨水从我身上流下去，而不是滴在我的脖子里。”

在我们这个世界中，别人的怪异眼光和恶毒的语言本来就是防不胜防的，你越在意它，你就越痛苦，而这正中恶意中伤者之下怀，到头来，别人不会有任何损失，失意的只有你一个人。既然想做到不受批评是一件不可能的事情，那么我们只有像马修那样收起自己阻挡批评的破伞，让批评直接从自己的身上流下去，而不要让它滴在自己的脖子里，让自己总是不舒服。

拒绝别人的眼光，活在自己的天空中，并不是一件轻而易举的事情，有的时候这需要极大的勇气与毅力，甚至会导致别人的疏远与保持距离。但是，同时你收获的成果也会和你的辛苦艰辛成正比，凯特的经历就是一个很好的例子。

你一定记得1997年那部风靡全球的电影《泰坦尼克号》，也一定记得片中的女主角凯特·温斯莱特，就是那个金发碧眼、一身婴儿肥、名叫Rose的女人。每一个看过这部片子的人也许都会惊异于她的美丽，但是每一个人或许也都会摇头感叹她实在是太胖了。

凯特的肥胖一直都使她成为众矢之的。11岁那年，凯特就读于一所戏剧学校，虽然肥胖，可是天分极高，老师们都很喜欢她；而身边的女孩子们却又纳闷又嫉妒，于是送给了她一个“鲸脂”的绰号。1990年，凯特得到一个拍摄电视剧的机会，当她完成拍摄回到学校时，发现同学们把她的课桌挤到了角落，还在上面刻了一个脏字，那一年她才15岁。

虽然重达81公斤的体重让她烦恼，经常遭人排挤让她习惯了退让，凯特却从来没有因为在意别人的眼光而去减肥。自始至终，凯特都在近乎倔强地选择与众不同的人生。作为一个闻名全球、性感丰腴的美女演员，她坦然接受自己的不完美，她对自己的身材从不在意，总是自信满满地做一个丰腴的女人，也不容许别人刻意美化。有一次某杂志把她的照片PS成出奇苗条的形象，凯特看到照片后非常生气，她随即发表严正的声明说那不是自己。凯特一直坚称，她绝对不会为了好莱坞而减肥。她说：“现在的女性已经太瘦了！对于年轻女性来说，我是一个榜样，我不会可以减肥，永远不会！”

凯特从来不为别人的闲言闲语所动，她骄傲而又坚定地做着自己性感而又有魅力的倔强的英伦玫瑰，但是她没有想到有些人会因为盲目轻信别人的话而改变自己。凯特曾经看过一个节目，节目讲述了一个希望自己看上去像她的女孩子整容的经历。那个女孩收藏了所有以她为封面的杂志，观看了她演出的所有电影，为了拥有像她一样的身材，她甚至切除了自己的一部分胃。凯特看到这里不禁为那个女孩哭起来，她为这个女孩被那些杂志和电影呈现出来的幻象误导感到非常痛心，她说：“无论何时都不要在乎别人的言行，活在自己的天空中才是最重要的事情。”

凯特知道怎样避开别人的批评来做自己，由于她的坚忍与耐力，她做到了。她没有按照众人的意见去减肥、做个大牌的好莱坞电影明星，或者说做个花瓶。这么多年来，她默默地承受着压力，终于守得云开，取得成功。

自己的天空虽然不美，或者有时候仅仅是要维护自己的天空都是一件非常困难的事情，但是我们所拥有的也仅是自己头上的一片天空而已，失去了这片天空，也就等于失去了自己。相信自己，相信自己的力量，无论能否做出惊天动地的事情来！

将心比心，多替别人想一想

将心比心，是我们让自己和他人都能快乐的最简单的方法！

在一个部落里，有一个穷人为了迎接来自国外的友人，特地起了一个大早，打扫家里的房间。就在他忙着扫地时，竟然不小心将扫把弄断了！他看着被弄断的扫把，越想越难过，他坐在了地上，最后居然伤心地哭了起来。

此时，这个人的朋友们也恰好登门拜访。他们一进门便看到朋友哭个不停，赶紧上前安慰他，并且询问发生了什么事情。一问之下，大家都不以为

然，也不过就是扫把断成两截而已，何必哭得这么伤心呢？

来自经济强国的日本朋友说："不过是一只扫把而已，你再上街买一把就好了，何必哭成这样？那又花不了多少钱。"

具有美国精神的美国朋友说："依照我的看法，我觉得你应该到法院去一趟，控告这只扫把的制造厂商出售劣质商品，并且要求他们赔偿你在生活上和精神上的损失。"

法国朋友则幽默地说："我的朋友，你能够这样硬生生地将扫把弄成两截，可见你的臂力是多么强壮！我羡慕你都来不及呢，你居然还为此号啕大哭？"

德国朋友思索后，说："不如大家一起研究看看，说不定有什么方法可以将扫把黏合起来，要是我们从中有了新的发现，也算是对人类社会有所贡献了。"

最后，这个人终于开口说：你们都不明白！我不是为了扫把断成两截而哭泣，我是因为明天必须上街排队买扫把，无法跟你们一起出门游玩而伤心。难道你们不知道，在这里买东西，都要花上好长一段时间来排队吗？"

从这个故事当中，我们能够发现，人与人在往来的过程中，常常会忽略一个简单的道理："将心比心"。因此，在许多时候，我们可能会说出不恰当的话，或者做出不适当的行为。虽然每个人都有他自己的想法和立场，但也正是因此，我们才更应该在处理很多事情的时候先将自己的想法放到一边，设身处地为对方着想，学会换位思考。因为，经过易地而处的思考，你与对方的沟通才会变得容易，对于事情的处理，也才会比较迅速得当。

换位思考，就是把自己转换成对方所处的角色来思考问题。你会发现，由于角色的不同，产生的对问题的看法、态度、处理方式也不同。多进行换位思考，会使自己的视野变得更加宽广；学会从不同角度看待问题，会使自己对事物的把握更加全面、更加透彻。

在风景秀丽的郊区，有一个盛产各种水果的果园。每当某一种水果盛产的时节来临，附近的小朋友们都会趁着果园主人不注意的时候偷偷溜进果园摘水果。有好几次，小朋友们在悄悄摘水果时，被果园的主人发现了，气得果园的主人对他们又追又打又骂。后来，果园主人干脆躲在果园里，只要发现有小朋友来摘水果，他就会突然现身，大喊：“你们不要跑！给我站住。”接着，双方便展开追逐战。可是果园主人也有点年纪了，每次这样追着孩子们跑，身体根本吃不消，所以每回追到后来，他都是一个人气喘吁吁地回家，而这样的事情，不知道上演了多少次，小朋友们全把这当成是好玩的游戏，不过却苦了果园的主人。

一天，果园主人的朋友登门拜访，起先两人还有说有笑，突然间，果园主人急忙拉起朋友的手说：“快点！我们赶紧躲到果园里！”

朋友一时不明就里，就被拉到果园的某一处躲了起来。正当朋友想开口问个清楚时，果园主人小声地说道：“那些小孩子们每天到了放学的时间，都会来我的果园摘水果，今天我一定要逮到他们！”

说时迟，那时快，偷偷摘水果的小朋友们现身了！果园主人立刻对着他们大喊：“不要跑！”朋友惊讶之际，就看到果园主人飞快地跑去，拼命追着那些已经跑出果园的孩子们，仿佛完全遗忘了他的存在。无奈之余，他只好走回果园主人的住处，独自等待他的归来。

过了许久，朋友等得有点儿不耐烦，就在他准备打道回府时，果园主人才上气不接下气地回来了。朋友一看到他进门，又好气又好笑地说：“你跟小朋友们运动完了啊？也不过是偷偷摘一些水果而已，你又没有什么损失，何必要天天这样追着他们呢？再说你年纪也不小了，天天这样跑来跑去，万一身体受不了，倒霉的还不是你自己？我看你以后不要追他们了，真要气不过的话，大不了直接去找他们的老师或父母啊！”

果园主人笑笑说：“其实我也不是真的生气，因为我们小时候也做过同样的事情，而且大人们不也是这样追着我们跑吗？你还记得那些偷偷摘来的水果，吃起来是什么滋味吗？”

朋友想了想之后，说：“我知道你追他们的原因了，你在帮他们制造儿时的有趣回忆！”

果园的主人不仅不责怪小朋友们偷他的水果，还能够站在他们的立场上思考问题，包容他们，为以追逐的方式带给他们美好的回忆，这样的胸襟，如此的善良，可以谓之贤人了。

其实，在我们的日常生活中，若我们凡事能多站在他人的立场上想一想，多多了解对方的内心可能会有的感受，有许多的纷争、冲突乃至于一时的误会，就能够因此而轻松化解，有时候甚至会有另一种愉快的感受。所以，将心比心，是我们让自己和他人都能够快乐的最简单的方法！

无论你处在人生的顺境抑或逆境，都要懂得换位思考，它可以在你失去方向时、陷入苦恼时带你走出一番新天地。哲学家说："你的心境不同了，你的世界也就不同了。"有生活经历和经验的人都知道换位思考的重要，并把它当作一种能力去重视、一种习惯去培养，因为它比芝麻开门还要玄妙，会在瞬间开启一个神奇的世界，把你的坏心情坏情绪、不满与苦闷一扫而空，使你悠然自得、如鱼得水地游走于生活的各个场合之中、各个场景之下，活出一个快乐的人生。

在生活中，无论你遇到多少纷纷扰扰，只要能学会换位思考，即可做到：命运乱了我不乱，风景不转心境转，愉快常在我心。

宽恕他人是一种成熟

对于宽恕的理解，不仅是仁者见仁，智者见智，不同行业的人对于宽恕也有不同的理解。浪漫的文学家们觉得"宽恕是在荆棘丛中长出来的谷粒"，很多哲学家们觉得"宽恕是一个人修养和善意的结晶"，至于对人们的心理研究最有发言权的心理学家们则觉得"宽恕是生活幸福的一剂良药"，而总是为了人们的健康而与各种疾病奋斗的医学家们觉得"宽恕是一个人健康的钥匙"。虽然说法各不相同，但是他们对于宽恕的认可和推崇是一致的，即宽恕是一个明智者的人生伴侣，是庸人永恒的敌人。在人际交往的过程中，要想使自己拥有良好的人际关系，就要提倡"和以处众，宽以接下，恕以待人"，只有这样，才能怀着一颗平和之心待人处事。也只有这样，才能使自己的心灵从各种各样的烦恼中解脱出来，享受更加美好的生活！

然而，虽然很多人都已经意识到宽恕的重要作用，但还是无法正确地使自己变得更加包容，对别人宽恕待之。现代社会，各种各样的好事新事层出不穷，与此同时，形形色色的怪事坏事也接连不断。随着社会的发展，人心也似乎变得越来越浮躁，明明没有深仇大恨，却因为一时的口角之争导致伤害对方的身体和心灵，甚至闹出人命官司来。如此一来，不但个人生活受到影响，而且不利于社会的安定和谐。实际上，不管你是什么人，也不管你在社会上的地位如何，都应该宽宏大度。很多时候，得理不饶人的人是不讨人喜欢的，往往人缘很差；与此相反，不念旧恶，不计宿怨是一种美德，是一种只有智者才能拥有的博大胸怀。

十九世纪的时候，林肯担任美国总统期间，曾经受到过很多人的嘲笑。其中，尤其以陆军部长斯坦顿的讥讽最令人难以接受，因为他打心眼里看不起这位总统。为此，他毫不留情地讽刺林肯是“老憨、笨蛋、长臂猿”，甚至还当着别人的面挖苦林肯说：“如今，坐在白宫里抓耳挠腮的简直是一只大猩猩，这样也好，人们就无须千里迢迢去非洲寻找大猩猩了。”听到这些充满恶意的人身攻击之后，林肯淡然一笑，不但没有动气发火，而且没有挟嫌报复。与斯坦顿对他的评价截然相反的是，林肯给予了斯坦顿极高的评价，认为他“绝对忠于国家”，非常能干，精力旺盛。正是因为如此，无论斯坦顿怎样谩骂林肯，林肯还是毫无芥蒂地将其提拔为陆军部长。发生了一系列的事情之后，最终，斯坦顿认识到自己的过错，找到林肯表达自己深深的歉意。作为美国总统，林肯时时刻刻以国家利益为最高准则，他那高明磊落的胸怀和识人、容人、用人、汇集天下之才为国所用的气度，以及不计个人恩怨的道德风范，最终赢得了人们由衷的信赖与爱戴。后人评价林肯是美国历史上最受人们尊敬的一位总统。

战国时期，廉颇是赵国人所周知的良将，他英勇无比，立下了赫赫战功，因此被拜为上卿。蔺相如因为“完璧归赵”有功，被封为上大夫。很快，蔺相如因为足智多谋，在渑池秦王与赵王相会时，再次维护了赵王的尊严，所以，也被提升为上卿，而且官职在廉颇之上。对此，廉颇颇有怨言。他扬言说：“假如我遇到蔺相如，一定会狠狠地羞辱他一番。他有什么功劳呢？居然位居

我之上？”蔺相如得知这个消息之后，就总是有意避开廉颇，尽量不与其会面。其他人觉得蔺相如是害怕见到廉颇，为此，廉颇非常得意。然而，蔺相如却说：“廉将军和秦王哪个更加可怕？我连秦王都不怕，又怎么会怕廉将军呢？但是，秦国如今倒是有点畏惧我们赵国，这主要是因为有廉将军和我两个人在。假如我跟廉将军互相攻击，就会对赵国有害，反而使秦国肆无忌惮。我之所以避开廉将军，主要是因为以国事为重，不愿意顾及私人的恩怨而已！”很快，廉颇知道了蔺相如所说的这番话，非常感动，所以就光着上身，背负荆杖，专程来到蔺相如家请罪。他非常羞愧地对蔺相如说：“和你的宽宏大量比起来，我真是太糊涂了！”终于，两人尽释前嫌，结成誓同生死的朋友。

只有胸怀宽广的人才能具备宽恕的美德，他们不仅有自知之明，而且有一颗容人之心。当然，宽恕并非仅仅指宽恕别人，很多时候，宽恕他人是一种成熟理智的表现。与此相对应的，我们也应该宽恕自己，因为这是一种明智的选择。除此之外，很多人不满足于社会现状，其实，我们也应该宽恕社会。

毕竟，整个社会的运转是一种非常复杂的程序，我们只有宽恕社会，才是一种自信的展示。也许有人会认为宽恕是软弱畏缩，其实，事实并非如此，从本质上说，宽恕是一种无声的等待，是一种默默的克制。宽恕是向善的通道，它来源于人类博爱和理性的情感，来源于道德的修养和知识的充实。

宽恕别人，自己也能够得到更多的快乐

在生活中，很多人之所以不快乐，是因为受到了别人的伤害，然后为此耿耿于怀，无法释然。其实，要想得到更多的快乐，有一个很简单的方法，即学会宽恕别人。要知道，快乐是自己寻来的，而不是别人给的，要想变得更加快乐，就要学会宽恕别人。自古以来，宽恕就是人类的一种美德。佛陀曾经说过，“假如希望从别人身上得到快乐，那么就会比一个乞丐沿门托钵更加痛苦。”从本质上说，宽恕除了能够有效地减轻对方的痛苦之外，更是对自己的一种提升。在真正宽恕伤害自己的人时，我们会感到心灵变得无比轻松，从而

得到真正的快乐。憎恨就像是一把“双刃剑”，在伤害别人的同时也伤害了我们自己。假如我们总是对别人吹毛求疵，憎恶别人，那么，非但别人会感到难受，我们自己更会如坐针毡。通常情况下，当你憎恨一个人的时候，他也许只是暂时感到难受，日久天长，他终究会回到属于自己的生活中，淡忘你的憎恶之情。然而，你却长久地受到憎恶情绪的桎梏，因为你时时刻刻地想起对别人的憎恨，你无法开心地度过自己的人生。从这个意义上说，憎恶是对自己的一种伤害。由此可见，“憎恨别人”是世界上最愚痴的行为，而“宽恕”别人则是对自己彻底的解脱。只有学会宽恕别人的人，才能够拥有更多的快乐。

当然，没有人能够受到所有人的欢迎，也没有人能够喜欢每一个人，人们总是有自己的喜好，有的时候会莫名其妙地喜欢一个人，有的时候也会莫名其妙地讨厌一个人。遇到这种情况的时候，我们可以根据古人的教诲，“远离恶缘”。所谓远离恶缘，就是远离自己所讨厌的人，这样一来，就可以避免自己产生憎恶的情绪。憎恶就像层层叠叠的绳子，在捆绑别人的同时更紧地束缚了我们自己，因此，我们要学会释放自己，避免产生憎恶的情绪。很多时候，做人无须太敏感，尤其是在仇恨面前。那些智者之所以洞察世事，波澜不惊，就是因为他们大智若愚，胸怀宽广，宽大为怀。佛陀告诫弟子们：“比丘常带三分呆。”意思就是训诫弟子们要大智若愚。在无法控制自己情绪的情况下，还可以采取上述“远离恶缘”的方式。总而言之，只有心胸开阔，宽以待人，才能够使自己生活得更加快乐、开怀！

刘备去世之后，蜀国丞相诸葛亮准备北伐中原。当时，蜀国的南部就是云南贵州交界的地方，少数民族的大酋长孟获趁乱反叛，为了解除这个后顾之忧，诸葛亮决定在北伐中原之前亲自率兵平息。在出发之前，有人建议诸葛亮派一员大将南下，彻底消灭孟获，这样一来，诸葛亮就无须亲自深入那个“不毛之地”了。然而，诸葛亮深谋远虑，为了彻底地征服孟获，他准备对孟获恩威并施。

孟获为人侠义，骁勇善战，在少数民族中威望极高。因此，诸葛亮命令下属千万不要伤害孟获，而要将其毫发无损地带回来。早在第一次战斗之中，诸葛亮就指挥蜀军生擒了孟获。当士兵把孟获押进营地的时候，诸葛亮亲自上前

给他松绑，并且命令下属设宴款待他。谁料，孟获根本不领情。次日，诸葛亮亲自陪伴孟获参观蜀军营地，问他："我们的军营如何？"出人意料的是，孟获不以为然地说："也就如此。我之前之所以失败，就是因为不知道你的虚实而已。假如你再给我机会与你放手一搏，我一定能够大获全胜。"

听到孟获的话，诸葛亮一笑置之，主动放了孟获。过了几天，孟获果然如约前来，但是，他再次失败了，被诸葛亮活捉。孟获还是不服输，诸葛亮再次主动放虎归山。就这样，孟获一而再再而三地和诸葛亮展开激战，直至第七次被擒之后，诸葛亮不等孟获说出不服气的话，就命令将领放了孟获，以便他能够回去整顿好人马，再次与自己决一胜负。

孟获沉思良久，说："七擒七纵，自古以来，这件事情从来没有过。丞相显然已经给足了我面子，假如我再不知好歹，必然贻笑大方，为后人所耻笑。"说着，孟获心服口服地跪倒在地，心悦诚服地说："丞相天威，我们再也不反叛了！"

诸葛亮非常高兴，赶紧搀扶起孟获，请他入营帐之中，在盛情款待之后，诸葛亮还亲自把孟获送出营门，让他回去。自此以后，孟获真心地归顺蜀汉，直到诸葛亮去世之后，他都没有再有任何叛乱的举动。从大局上说，这无疑为蜀汉出兵中原清除了后顾之忧，而且极大地促进了西南少数民族的经济发展和生活安定。

作为智者，诸葛亮的包容行为无疑使人刮目相看。在他的身上，智慧和包容散发出无尽的光辉，彻底地收拢了孟获的心。正是因为对孟获的包容，诸葛亮才最终成全了自己，为自己出兵中原彻底扫除了后顾之忧。从这个方面说，包容别人也是成全自己，能够使自己距离成功更近一步。如此一来，快乐自然如约而至。

所谓包容，就是一份接纳，海纳百川，有容乃大，要想得到世界，我们首先要以博大的胸怀包容世界。成功人士之所以能够获得成功，主要原因之一在于他们懂得包容，有容人之量。

淡然的生活，才是最幸福的生活

对于生活，每个人都有无限的憧憬，希望自己能够像王孙贵族一样应有尽有，无须为生计而奔波忙碌。然而，也有些人放弃了原本富贵的生活，甘愿成为创二代，一切重新开始，体现自己人生的价值。孰对孰错？没有答案。对于生活，每个人都有着不同的希望和渴求，因此，评判生活的标准并不是唯一的，而幸福与否关键在于每个人内心的感受。有人觉得住大房子就是幸福，有人觉得只要和爱人长相厮守就是幸福，有人觉得金钱和权势才是最重要的，有人却恨不得找个偏僻的人迹罕至的乡村隐居，过那种世外桃源的恬淡生活。这些生活精彩纷呈，各有优劣，每个人都有不同的选择。然而，幸福的唯一标准是，要适合自己，使自己精神充实，心灵放松。就像前文所说的，合适的才是最好的。以婚姻为例，人们喜欢用鞋子来比喻婚姻，因为鞋子是否合脚只有自己知道。难以想象，我们穿着一双华丽的水晶鞋行走的时候，将引来多少女人艳羡的目光，然而，更加难以想象的是，假如我们的双脚因为这双中看而不中用的水晶鞋长满血疱，我们的内心将会多么痛苦，我们的身体将会多么备受煎熬。出于这个原因，有人选择穿着适脚的布鞋或者是运动鞋，虽然不好看，却能够使双脚舒适地跋山涉水。由此可见，幸福生活的首要标准就是适合自己。

现代社会，人心越来越浮躁，在寻找人生伴侣的时候，很多年轻漂亮的女人因为爱慕浮华，选择嫁给年老体衰的富豪，其中的辛酸只怕只有自己知道。在江苏卫视《非诚勿扰》的舞台上，曾经有一名女嘉宾当众说“宁愿坐在宝马车里哭，也不愿意坐在自行车上笑”，不得不说，这种价值观是扭曲的。这种虚荣还体现在找工作的时候。很多大学毕业生在找工作的时候都好高骛远，尤其是想成为白领的年轻女性，她们宁愿每个月拿着和超市收银员差不多的工资出入写字楼，也不愿意从事那些虽然不那么体面但是凭着努力就能改变生活的工作。这种生活真的适合她们吗？也许她们从来没有想过这个问题。要想使人们都能过上适合自己的生活，首先要改变虚荣心理。中国人尤其爱面子，很多人因为虚荣打肿脸充胖子，殊不知，这样的做法最终只会害了自己。不管是生活还是工作，都必须适合自己，这样才能够使自己获得真正的幸福。

如今，玛丽面临着人生的抉择。她即将大学毕业，正在找工作，经过几个月的奔波之后，她最终得到了两个工作机会。一个是在一家世界五百强企业担任文秘，典型的白领生活，出入高档写字楼，有机会和来自世界各地的客户一起交流。另外一个机会是在一家小型私人企业担任总经理助理的工作，工作内容比较繁杂，但是可以锻炼玛丽的能力。而且这家企业的发展前景很好，作为总经理助理，玛丽无疑拥有很高的起点和发展潜力。最重要的是，这家企业是真心聘请玛丽的，给予了很高的薪水，总经理很真诚地邀请玛丽和企业一起成长。玛丽非常纠结，她不知道自己是应该选择去更体面的世界五百强企业担任秘书，还是去这家民营企业担任总经理助理。在左思右想之中，尽管玛丽心里隐约意识到民营企业也许更加适合自己比较强的个性，但是因为虚荣，她还是选择去了世界五百强企业。玛丽把好朋友露西介绍给了这家民营企业，露西很高兴地去报到了。

一年之后，玛丽依然是个小小的秘书，因为世界五百强的企业里人才济济，很难崭露头角。而露西呢？在民营企业中如鱼得水，因为出色的表现，很多时候被总经理授权独当一面，与毕业的时候不可同日而语。看着春风得意的露西，玛丽非常后悔。因为虚荣，她没有选择最适合自己的生活，而是选择了一个外表看起来光鲜的生活，最终耽误了自己的发展。

在考虑问题的时候，很多人都把别人的看法放在第一位，这其实是错误的。要知道，每个人都有自己的生活，即使你再怎么完美和成功，也难免会被人评说，正所谓，谁人背后无人说，谁人背后不说人。既然如此，我们还有必要处处在乎别人的看法吗？要想对自己负责，首先要从自身的角度看待问题，合理地解决问题，这样才能使自己生活得更好。当初玛丽假如选择去民营企业，那么不仅能够位高权重，而且能够使自己得到更多的历练，迅速成长起来。

不仅工作如此，生活中的很多问题都是这样的道理。在选择的时候，我们必须首先考虑自身的需要，看看哪种方案更加适合自己。只有这样，我们才能够生活得更加幸福。外在的光鲜靓丽是没有用的，重点在于内心的真实感受。

参考文献

[1]黄亚男.有一种境界叫放下 有一种心态叫舍得 有一种智慧叫包容[M].北京：中国华侨出版社，2010.

[2]星云大师.刘长乐.包容的智慧[M].长沙：湖南人民出版社，2013.

[3]圣铎.包容：成就一生的智慧[M].北京：北京联合出版公司，2013.

[4]雪尘.有一种智慧叫包容[M].厦门：鹭江出版社，2016.